气象旅游资源学

杨晓燕　李长顺　吴　普　叶丹丹　编著

内容简介

本书全面系统介绍气象旅游资源学的基本理论、研究方法和实践应用，涵盖分类、评价、开发与利用等核心内容，深入探讨气象旅游资源与旅游活动系统关系，以及在旅游体验与服务设计中的应用。本书分为九章，包括绪论、特点与分类、天气景观资源、气候环境资源、人文气象资源、文创旅游资源、调查与评价、开发策略及可持续发展等内容。本书编写团队由多领域专家学者组成，内容适合旅游管理、环境科学、地理科学等专业学生和教师，也适合旅游业界管理者、规划者和从业者，以及对气象旅游资源感兴趣的普通读者。本书注重理论与实践结合，介绍基本概念和理论，并提供案例分析帮助理解应用知识。本书致力于为气象旅游资源学研究和实践提供全面指导，期望为推动气象旅游产业创新突破和可持续发展做出贡献。

图书在版编目（CIP）数据

气象旅游资源学 / 杨晓燕等编著. -- 北京：气象出版社，2024.12. -- ISBN 978-7-5029-8301-7

Ⅰ. P46；F590

中国国家版本馆 CIP 数据核字第 2024YN1195 号

气象旅游资源学

Qixiang Lüyou Ziyuanxue

出版发行：气象出版社	
地　　址：北京市海淀区中关村南大街 46 号	邮政编码：100081
电　　话：010-68407112（总编室）　010-68408042（发行部）	
网　　址：http://www.qxcbs.com	E-mail：qxcbs@cma.gov.cn
责任编辑：郝　汉	终　　审：张　斌
责任校对：张硕杰	责任技编：赵相宁
封面设计：北京地大彩印设计中心	
印　　刷：北京建宏印刷有限公司	
开　　本：710 mm×1000 mm　1/16	印　　张：12
字　　数：263 千字	
版　　次：2024 年 12 月第 1 版	印　　次：2024 年 12 月第 1 次印刷
定　　价：88.00 元	

本书如存在文字不清、漏印以及缺页、倒页、脱页等，请与本社发行部联系调换。

前　言

随着全球气候变化和环境问题的日益突出,气象旅游资源作为一种新兴的形式,正逐渐受到人们的关注。它不仅丰富了旅游产品的种类,也为旅游业的可持续发展提供了新的思路和方向。气象旅游资源的开发和利用,不仅能够促进地方经济的发展,还能增强公众对气象科学知识的了解,提高环境保护意识。因此,深入研究气象旅游资源,探索其可持续发展的路径,对于推动旅游业的绿色转型和生态文明建设具有重要意义。

我国气象与旅游的发展正不断地推陈出新,呈现出蓬勃的生机与活力。然而,虽然气象旅游资源在旅游业中占据着越来越重要的地位,但对于这一领域的系统分析与深入研究却显得相对不足。目前,气象旅游资源的开发和利用还停留在较为初级的阶段,缺乏全面而科学的理论支撑和实践指导。因此,加强对气象旅游资源的系统分析与研究,不仅有助于提升旅游业的整体水平,还能为气象资源的合理利用提供更为科学的依据,从而推动气象与旅游的深度融合与发展。

气象旅游资源学是一门新兴的交叉学科,它将气象学、旅游资源学、地理学、生态学、经济学等多个学科的理论与方法相结合,研究气象资源在旅游活动中的应用与开发。随着全球气候变化和极端天气事件的增多,气象旅游资源的开发与利用受到了前所未有的关注。本学科旨在探索气象资源的旅游价值,分析其在旅游活动中的作用,以及如何在保护环境的前提下合理开发和利用这些资源,实现旅游业的可持续发展。

气象旅游资源学的研究不仅有助于丰富旅游活动的内容,提升旅游体验的质量,而且对于促进地方经济发展、增强公众环保意识、推动相关学科的交叉融合具有重要意义。本学科的深入研究,将为气象旅游资源的科学管理和有效保护提供理论支撑,为旅游业界提供决策参考,同时,为公众提供更加丰富多样的旅游选择。随着研究的不断深入,气象旅游资源学有望成为推动旅游业可持续发展的重要力量。

为此,本书旨在全面系统地介绍气象旅游资源学的基本理论、研究方法和实践应用。本书不仅涵盖了气象旅游资源的分类、评价、开发与利用等核心内容,还深入探讨了气象旅游资源与旅游活动系统的关系,以及气象旅游资源在旅游体验与服务设计中的应用。本书通过对气象旅游资源的科学价值、教育价值、经济价值、社会价值、美学价值和旅游体验价值的分析，旨在为读者提供一个全面了解和深入研究气象旅游资源的平台。

本书共分为九章，涵盖绪论、特点与分类、天气景观资源、气候环境资源、人文气象资源、文创旅游资源、调查与评价、开发策略及可持续发展等内容。第一章介绍气象旅游资源学的研究对象、内容及其与其他学科的关系。第二章探讨气象旅游资源的特点、分类及其价值。第三至五章分别详述天气景观、气候环境和人文气象资源的种类和特点。第六章阐述气象文创旅游资源的概念、成因与特点分类和空间分布。第七章讨论气象旅游资源的调查方法和评价体系。第八章分析气象旅游资源的开发理念、历史、模式及案例。第九章关注气象旅游资源的保护，可持续发展原则、路径、模式及未来趋势。

本书的编写团队由气象学、旅游资源学、地理学、生态学和经济学等领域的专家学者组成，他们结合各自的研究成果和实践经验，共同构建了本书的理论框架和内容体系。本书不仅适合旅游管理、环境科学、地理科学等专业的学生和教师作为教材使用，也适合旅游业界的管理者、规划者和从业者作为参考书阅读，同时，对于对气象旅游资源感兴趣的广大读者来说，本书也是一本极佳的参考读物。

在内容编排上，本书注重理论与实践相结合，不仅介绍了气象旅游资源学的基本概念和理论，还提供了大量的案例分析，以帮助读者更好地理解和应用所学知识。此外，本书还特别关注气象旅游资源的可持续发展问题，探讨了如何在保护环境的前提下合理开发和利用气象旅游资源，以实现旅游业的长远发展。

本书获闽江学院学术著作出版基金资助，并得到国家自然科学基金青年项目《空气质量指数与气候旅游的空间适配性研究》（42101238）、福建省自然科学基金面上项目《福建省气候康养空间适配性研究》（2022J01133）、闽江学院科研启动项目《双碳战略下我国气候康养空间适配性研究》的资助。

总之，本书致力于为气象旅游资源学的研究和实践提供全面的指导，期望能够为推动气象旅游产业的创新突破和可持续发展做出贡献。

作　者

2024 年 11 月

目　录

前　言

第一章　绪论 ··· 1
　　第一节　气象旅游资源的述评 ·· 1
　　第二节　气象旅游资源学的研究对象 ································· 5
　　第三节　气象旅游资源学主要研究内容 ···························· 11
　　第四节　气象旅游资源学与相关学科的关系 ····················· 19

第二章　气象旅游资源的特点与分类 ································ 24
　　第一节　气象旅游资源的特点 ·· 24
　　第二节　气象旅游资源的分类 ·· 27
　　第三节　气象旅游资源的价值 ·· 32

第三章　天气景观资源 ··· 35
　　第一节　云雾景观资源 ·· 35
　　第二节　雨露景观资源 ·· 44
　　第三节　冰雪景观资源 ·· 49
　　第四节　风景观资源 ··· 55
　　第五节　光景观资源 ··· 61
　　第六节　极端天气景观资源 ··· 70
　　第七节　奇特天象景观资源 ··· 77

第四章　气候环境资源 ··· 84
　　第一节　气候养生资源 ·· 84
　　第二节　气候体验资源 ·· 90
　　第三节　气候景观资源 ·· 93
　　第四节　古气候遗迹资源 ·· 98

第五章　人文气象资源 ········· 106

第一节　气象历史资源 ········· 106
第二节　人造气象景观资源 ········· 111
第三节　人造气象设施与气象建筑资源 ········· 115

第六章　气象文创旅游资源 ········· 121

第一节　气象文创旅游资源的概念 ········· 121
第二节　气象文创旅游资源的成因与特点 ········· 123
第三节　气象文创旅游资源的分类 ········· 124
第四节　气象文创旅游资源的空间分布 ········· 125

第七章　气象旅游资源调查与评价 ········· 127

第一节　气象旅游资源调查 ········· 127
第二节　气象旅游资源评价 ········· 130
第三节　气象旅游资源调查与评价案例分析 ········· 133

第八章　气象旅游资源开发 ········· 136

第一节　气象旅游资源开发理念 ········· 136
第二节　气象旅游资源开发历史 ········· 137
第三节　气象旅游资源开发模式 ········· 148
第四节　气象旅游资源开发案例 ········· 156

第九章　气象旅游资源可持续发展 ········· 171

第一节　气象旅游资源保护 ········· 171
第二节　气象旅游资源可持续发展原则 ········· 174
第三节　气象旅游资源可持续发展路径 ········· 176
第四节　国内外气象旅游资源可持续发展模式 ········· 182
第五节　气象旅游资源可持续发展趋势与展望 ········· 185

第一章 绪 论

第一节 气象旅游资源的述评

一、气象旅游资源的概念和内涵

气象旅游资源是指那些因气象和气候条件而形成的、具有旅游价值的自然现象和人工创造的景观。这些资源包括但不限于云海、雾景、雨雪、日出日落、极光、彩虹等自然现象,以及与气象相关的节庆活动、气象观测站等人工景观。气象旅游资源具有独特性、季节性和地域性等特点,它们在旅游目的地的吸引力构建中扮演着重要角色。

气象旅游资源的内涵不仅限于自然现象和人工景观,还包括与气象相关的文化、历史和科技等元素。例如,气象节庆活动不仅展示了气象现象的美丽,还蕴含了深厚的文化意义和历史传统。气象观测站作为科学教育的场所,也成了科普旅游的重要组成部分。此外,气象旅游资源的开发和利用,需要考虑环境保护和可持续发展的原则,以确保这些资源能够长期为旅游目的地带来经济和社会效益。因此,气象旅游资源的内涵是多维度的,它不仅包括了自然景观和人工创造的景观,还涵盖了与气象相关的文化、历史、科技和教育等方面。

二、气象旅游资源相关概念辨析

在探讨气象旅游资源时,需要明确其与气象资源、气候资源、旅游资源等概念的区别与联系。

气象资源是指能够影响天气和气候的各种自然因素,如温度、湿度、风速、降水量等。这些因素是构成气象现象的基础,但它们本身并不直接等同于旅游资源。

气候资源则侧重于气候条件对人类活动的影响,包括农业、建筑、旅游等,它更多地关注气候的利用价值。

旅游资源不仅包括自然景观,如山川、湖泊、海洋、动植物等,也包括人文景观,如历史遗迹、文化遗址、民俗风情、艺术表演等。旅游资源的开发和利用,旨在满足旅游者对休闲、娱乐、求知、探险等多方面的需求,同时也会促进当地经济的发展和文化的传播。

　　气象旅游资源则是指那些能够吸引旅游者,并且与气象现象、气候条件直接相关的旅游资源。它们可以是自然形成的气象景观,如云海、极光、彩虹等,也可以是与气象相关的文化活动,如气象节庆、气象博物馆等。因此,气象旅游资源是旅游资源的一个子集,它与气象资源和气候资源有着密切的联系,但又具有独特的旅游吸引力和价值。

　　气象旅游资源的独特之处在于其动态性和季节性,这些特性使得气象旅游资源具有不可预测性和变化性,为旅游活动增添了不确定性和新鲜感。例如,云海的出现往往与特定的地形和气候条件相关,而极光的观赏则依赖于太阳活动和地球磁场的相互作用。气象旅游资源的这些特点,使得它们在旅游市场中具有很高的吸引力,能够吸引那些寻求独特体验和自然奇观的旅游者。同时,气象旅游资源的开发和利用需要考虑环境保护和可持续性,以确保这些珍贵的自然和文化资源能够得到长期的保护和传承。

三、气象旅游资源与旅游资源系统的关系

　　气象旅游资源与旅游资源系统的关系体现在其对旅游目的地吸引力的增强和旅游产品丰富的多样性上。气象旅游资源的独特性、季节性和地域性特点,使其成为旅游资源系统中不可或缺的一部分。它们不仅丰富了旅游目的地的自然景观和人文景观,还为旅游活动提供了多样化的体验和选择。不同地区的气象旅游资源,如热带雨林的雨季、沙漠的热气流、高山的雪景等,都为旅游者提供了不同的旅游体验,满足了他们对自然奇观和探险的需求。

　　气象旅游资源的开发还促进了相关旅游产品的创新,如气象主题的节庆活动、科普教育旅游、生态旅游等,这些都为旅游市场带来了新的增长点。因此,气象旅游资源与旅游资源系统是相辅相成的,气象旅游资源的合理开发和利用,有助于提升旅游目的地的整体吸引力,推动旅游业的可持续发展。

　　气象旅游资源与旅游资源系统的紧密结合,也促进了旅游业与其他行业的融合发展。气象旅游资源的开发往往需要借助现代科技手段,如气象预测技术、遥感技术、虚拟现实技术等,这些技术的应用不仅提升了气象旅游资源的观赏性和互动性,也推动了旅游业与科技产业的融合发展。另外,气象旅游资源的开发还带动了周边产业的发展,如酒店、餐饮、交通、购物等,这些产业的发展为当地经济的繁荣提供了有力支撑。

　　气象旅游资源在旅游资源系统中的重要性还体现在其对旅游规划和管理的影响上。在制定旅游规划时,需要充分考虑气象旅游资源的特点和分布,合理安排旅游线路和旅游活动,以最大限度地发挥气象旅游资源的吸引力。同时,在旅游管理中,也需要加强对气象旅游资源的保护和管理,确保其可持续利用。例如,通过建立

气象旅游资源监测和预警系统,及时发现和解决气象旅游资源开发中的问题,保障旅游活动的安全和顺利进行。

气象旅游资源的可持续利用对于促进环境保护和生态平衡具有重要意义。在旅游开发过程中,合理规划和科学管理气象旅游资源,可以有效减少对自然环境的破坏,保护生物多样性。例如,通过限制游客数量、建立生态旅游区、实施环境教育等措施,可以确保气象旅游资源的长期利用,同时维护生态系统的健康和稳定。此外,气象旅游资源的保护和合理利用,还能增强公众的气候变化和环境保护意识,促进社会的可持续发展。因此,气象旅游资源的开发和管理,应当遵循生态优先、保护第一的原则,实现旅游发展与环境保护的双赢。

气象旅游资源在促进文化交流与理解方面也发挥着重要作用。气象现象和气候特征往往与当地的文化、历史和生活方式紧密相连,成为展现地方特色和传统文化的重要载体。通过气象旅游资源的开发和推广,可以吸引来自不同地域和文化背景的游客,促进文化交流与融合。游客在体验气象旅游资源的同时,也能深入了解当地的风土人情、历史文化和民俗传统,增进对不同文化的理解和尊重。这种文化交流不仅有助于丰富旅游的内涵和品质,还能促进全球文化的多样性和包容性。

气象旅游资源还具备科学研究与教育价值。气象现象和气候变化是地球科学领域的重要研究对象,气象旅游资源的开发和利用为科学研究提供了丰富的实地观测和实验场所。研究人员可以通过对气象旅游资源的观测和研究,深入了解气候变化的规律和机制,为应对全球气候变化提供科学依据。同时,气象旅游资源也是进行科普教育和环境教育的重要资源,通过组织参观、讲解和实践活动,可以提高公众的气候变化和环境保护意识,培养年轻一代的科学素养和环保责任感。

综上所述,气象旅游资源与旅游资源系统的联系是多方面且深远的。它不仅丰富了旅游目的地的吸引力和旅游产品多样性,还促进了相关产业的创新性发展,推动了旅游业与其他行业的融合发展,提升了环境保护和文化交流的重要性,并具备科学研究与教育价值。因此,应当充分认识和重视气象旅游资源的作用,合理开发和利用这一宝贵资源,为旅游业的可持续发展和社会的全面进步做出贡献。

四、气象旅游资源与旅游活动系统的关系

气象旅游资源能够丰富旅游活动的内容,为旅游者提供多样化的体验选择。例如,通过参与气象观测活动、体验极端天气现象,旅游者可以更加深入地了解气象知识,增加旅游的教育意义和趣味性。

气象旅游资源的季节性和地域性特点,使得旅游活动具有明显的季节性和地域性特征。这促使旅游企业能够根据气象条件合理规划旅游产品和活动,以满足不同季节和地区的旅游需求。

气象旅游资源的可持续利用,有助于推动生态旅游和绿色旅游的发展。通过科

学规划和管理,可以减少对环境的影响,同时为旅游者提供亲近自然、体验自然的机会。

气象旅游资源的开发和利用,可以促进旅游目的地的创新和品牌建设。通过打造独特的气象旅游产品,可以吸引更多的游客,提升目的地的知名度和竞争力。

气象旅游资源的保护和管理,对于维护旅游活动的长期可持续性至关重要。合理规划和科学管理可以确保旅游资源的长期利用,同时保护生态环境。

气象旅游资源的市场营销和推广,可以有效提升旅游目的地的吸引力。通过有效的宣传和营销策略,可以将气象旅游资源的独特魅力传递给潜在的旅游者,激发他们的旅游兴趣。

气象旅游资源的开发可以促进当地经济的发展。通过吸引游客,可以带动相关产业链的发展,如住宿、餐饮、交通和零售等,从而为当地创造经济收益和就业机会。此外,气象旅游资源的开发还可以促进当地文化的传播和保护,因为许多气象旅游资源与当地的历史、文化密切相关。

气象旅游资源的利用可以增强旅游目的地的竞争力。在旅游市场竞争日益激烈的今天,独特的气象旅游资源可以成为目的地的特色和亮点,吸引那些寻求新鲜体验和独特感受的游客。通过精心设计旅游产品和活动,可以提升游客的满意度和忠诚度,从而在竞争中脱颖而出。

气象旅游资源的开发需要考虑气候变化的影响。随着全球气候变化的加剧,旅游目的地的气象条件可能会发生变化,这要求旅游规划者和管理者必须具备应对气候变化的能力(这包括对极端天气事件的预防和应对措施,以及对旅游基础设施的适应性改造),以确保旅游活动的可持续性。

气象旅游资源的开发应注重社区参与和利益共享。当地社区是气象旅游资源的重要组成部分,其参与和支持对于旅游项目的成功至关重要。确保当地居民能够从旅游发展中获益,可以增强他们保护气象旅游资源的意识和动力,从而实现旅游与社区的和谐发展。

因此,气象旅游资源与旅游活动系统的关系是多方面的,它不仅丰富了旅游活动的内容,还对旅游目的地的可持续发展起到了关键作用。气象旅游资源的开发和利用,需要综合考虑环境保护、社区发展和气候变化等因素,以确保旅游活动的长期可持续性。通过科学的规划和管理,气象旅游资源可以成为推动地方经济发展、增强旅游目的地竞争力的重要因素。同时,气象旅游资源的保护和管理对于维护旅游活动的长期可持续性至关重要,合理规划和科学管理可以确保旅游资源的长期利用,同时保护生态环境。因此,气象旅游资源的开发和利用,应当遵循可持续发展的原则,以实现旅游与环境、社区的和谐共生。

五、气象旅游资源的内涵及其发展趋势

随着全球气候变化和环境问题的日益突出,气象旅游资源的内涵也在不断丰富

和拓展。一方面,传统的气象景观,如云海、雾凇、极光等,依然吸引着大量游客;另一方面,新兴的气象体验活动,如气象观测、气候疗养、气象科普教育等,正逐渐成为旅游市场的新亮点。此外,随着科技的进步,虚拟现实技术与气象旅游资源的结合,为游客提供了全新的互动体验,拓展了气象旅游资源的边界。

在发展趋势上,气象旅游资源的开发将更加注重环境保护和生态平衡,强调可持续性原则。旅游活动将更加注重与当地社区的互动,促进当地经济发展,同时保护和传承地方文化。此外,随着人们对健康生活追求的提升,气候养生、气候疗养等与健康相关的气象旅游资源将得到进一步开发和利用。

在国际层面,气象旅游资源的开发和利用将更加注重国际合作与交流,共享气象旅游资源的开发经验和技术,共同应对气候变化带来的挑战。同时,随着全球旅游市场的融合,气象旅游资源的国际化趋势将更加明显,以便吸引全球游客的目光。

综上所述,气象旅游资源的内涵将随着社会的发展和科技的进步而不断演变,其发展趋势将更加注重可持续性、社区参与、健康养生以及国际合作,这为旅游业带来了新的增长点和挑战。

第二节 气象旅游资源学的研究对象

一、气象景观资源

气象景观资源是指那些因气象条件变化而形成的独特景观。例如,日出、日落、云海、雾凇、彩虹、极光等。这些景观往往具有很高的观赏价值,能够吸引大量游客前来观赏。气象旅游资源学研究如何合理开发和利用这些景观资源,以提升旅游体验和经济效益。

气象旅游资源学研究气象景观资源主要聚焦在以下几个方面。

1. 气象景观资源的形成机制,包括其自然成因和影响因素,以及如何在不同地理和气候条件下形成。

2. 气象景观资源的分类,依据其特点和观赏价值进行科学划分,便于管理和开发。

3. 气象景观资源的分布规律,研究其在不同地区的分布特点,为旅游规划提供依据。

4. 气象景观资源的保护措施,探讨如何在开发的同时保护这些珍贵的自然景观,确保其可持续利用。

5. 气象景观资源的市场营销策略,研究如何通过有效的宣传和推广手段,提高其在旅游市场中的知名度和吸引力。

二、气候环境资源

气候资源是指某一地区长期的气象条件,如温度、湿度、风力等。不同的气候类型和季节变化为旅游业提供了丰富的资源。例如,热带海岛的阳光沙滩、高山地区的清凉夏季、温泉地区的疗养气候等。气象旅游资源学研究如何根据气候资源的特点,开发出适合不同游客需求的旅游产品。

气候环境资源是指某一地区长期的气象条件,如温度、湿度、风力等。这些资源为旅游业提供了丰富的资源,不同的气候类型和季节变化能够吸引不同需求的游客。

气候养生资源,包括温和的气候、清新的空气、适宜的湿度和负氧离子含量高的环境等,能够促进人体健康,具有疗养效果。

气候体验资源不仅为游客提供了独特的气候体验,而且在旅游产品开发中具有重要的意义。例如,极端热区可以开发为沙漠探险旅游,极端寒区则可以成为冬季运动和探险的胜地,极端雨区和旱区的特色可以吸引那些对极端天气现象感兴趣的游客,立体气候则为生态旅游和生物多样性研究提供了理想的环境。通过合理规划和开发,这些气候体验资源能够成为旅游目的地的亮点,吸引国内外游客,促进当地经济发展。

气候景观资源不仅具有观赏价值,也具有重要的旅游意义。例如,冰山、冰川、雪山等自然景观,不仅为游客提供了视觉上的震撼,也成了登山探险和科学研究的热点。这些景观资源的形成往往与特定的气候条件和地理环境密切相关,因此,它们在旅游产品开发中具有独特性。通过结合当地文化、历史背景和生态旅游理念,气候景观资源可以被转化为具有教育意义和娱乐性的旅游产品,吸引不同需求的游客群体。同时,合理规划和管理这些资源,可以确保其可持续利用,为当地社区带来长期的经济和社会效益。

古气候遗迹资源是指在地质历史时期形成的,能够反映过去气候条件的自然遗迹。这些遗迹包括冰川遗迹、古海床、古沙漠、古湖泊沉积物等,它们记录了地球气候的变迁,为科学家提供了研究古气候的重要线索。古气候遗迹资源不仅具有科学研究价值,也具有一定的旅游吸引力,能够吸引对地球历史和气候变化感兴趣的游客。在开发这些资源时,需要特别注意保护遗迹的原始状态,避免因旅游活动而对遗迹造成破坏。

气象旅游资源学研究气候环境资源主要聚焦在以下几个方面。

1. 气候养生资源的开发与利用,如何结合当地特色,打造具有特色的气候养生旅游产品。

2. 气候体验资源的创新开发,例如通过虚拟现实技术模拟极端气候体验,为游客提供安全且刺激的体验。

3. 气候景观资源的保护与可持续发展,确保在旅游开发的同时,保护自然环境和生态平衡。

4. 古气候遗迹资源的保护与科普教育相结合,通过旅游活动提高公众对气候变化和环境保护的认识。

5. 气候旅游资源的市场营销策略,如何通过有效的宣传和推广,提升气候旅游资源的知名度和吸引力。

6. 气候旅游资源的旅游体验与服务提升,通过提供高质量的旅游服务,增强游客的满意度和重游率。此外,气象旅游资源学还关注气候变化对旅游业的影响及应对策略。随着全球气候变暖,极端天气事件频发,这为旅游业带来了挑战,但同时也孕育了新的机遇。研究如何适应气候变化,开发适应性强、灵活性高的旅游产品,成为气象旅游资源学的重要课题。

7. 气象旅游资源学还关注气候环境资源的空间分布规律,研究不同地区的气候资源特点,为旅游规划和区域发展提供科学依据。通过深入研究气候资源的分布规律,可以更好地理解各地区气候资源的优势和潜力,从而制定出更加合理的旅游开发策略。

8. 气象旅游资源学致力于研究气候环境资源与人类活动的关系。随着全球气候变化和人类活动的不断加剧,气候环境资源面临着前所未有的挑战。因此,气象旅游资源学需要关注气候变化对气候资源的影响,以及人类活动如何适应和缓解这些影响。

9. 气象旅游资源学还致力于推动跨领域合作。旅游业与气象学、地理学、生态学等多个学科紧密相连。通过跨学科研究,可以更深入地理解气候资源的本质和特性,为旅游产品的创新和开发提供科学依据。

未来,随着科技的进步和人们对旅游需求的多样化,气象旅游资源学将继续深化研究,推动旅游业向更加绿色、可持续的方向发展。通过合理利用和保护气候资源,可以为游客提供更加丰富、独特的旅游体验,同时也为地球的可持续发展贡献力量。

综上所述,气象旅游资源学在研究和开发气候环境资源方面发挥着重要作用。通过深入研究气候资源的形成机制、分类、分布规律、保护措施和市场营销策略等方面,为旅游业的可持续发展提供了有力的支持。同时,气象旅游资源学还需要关注气候变化和人类活动对气候资源的影响,为应对这些挑战提供科学依据和解决方案。

三、人文气象资源

气象历史资源(人文气象资源)是指与气象相关的节气、民俗、传说、史料等文化资源。这些资源不仅承载了人类对气象现象的观察和理解,也反映了不同地区、不同民族在长期历史进程中形成的独特文化。例如,中国的二十四节气不仅是农业生产的指南,也蕴含着深厚的文化意义和民俗活动。

气象民俗旅游资源包括各种与天气变化相关的传统节日和习俗,如端午节的龙舟赛、清明节的踏青等。

气象艺术旅游资源涵盖了以气象现象为题材的文学、绘画、音乐等艺术作品。

气象美食旅游资源体现在不同气候条件下形成的独特饮食文化,如热带地区的椰子食品、寒带地区的热汤等。

气象诗歌旅游资源包括历代诗人对气象景观的赞美和描绘。

气象节庆旅游资源包括各种以气象为主题的节庆活动,如风情节、雨节等。

红色气象旅游资源与革命历史事件相关,如长征路上的气象挑战。

气象史料旅游资源则包括历史文献中关于气象的记载和研究。

这些资源的开发和利用,不仅能够丰富旅游产品的文化内涵,也能够促进地方文化的传承和发展。

人造气象景观资源是指由人工创造的,能够模拟自然气象现象的景观资源。这些景观资源通常是为了旅游、娱乐或教育而设计和建造的。例如,人造雨雪景观可以为游客提供在非冬季体验雪景的机会,而人造雾则可以创造出神秘莫测的氛围,增加旅游景点的吸引力。此外,人造气象景观资源还包括了各种主题公园内的气象体验区,如模拟雷暴、龙卷等极端天气现象的设施,以及通过科技手段再现的极光、流星雨等奇特天象。这些资源不仅丰富了旅游体验,也为气象科普教育提供了生动的平台。

人造设施与气象建筑资源通常是为了旅游、娱乐或教育而设计和建造的,它们能够提供独特的气象体验和科普教育机会。例如,气象博物馆、气象观测站和气象主题公园等,这些设施和建筑不仅展示了气象科学的发展历程,还通过互动展览和模拟实验,让游客能够亲身体验气象现象的奥秘。此外,这些资源的建设往往结合了现代科技和艺术设计,创造出既具有教育意义又具有观赏价值的旅游景点。

气象旅游资源学研究人文气象资源主要聚焦在以下几个方面。

1. 气象历史资源的保护与传承,如何通过现代技术手段保存和展示这些珍贵的文化遗产。

2. 气象民俗旅游资源的创新开发,结合现代旅游需求,设计新的旅游产品和体验活动。

3. 气象艺术旅游资源的推广与教育,利用艺术作品提升公众对气象现象的认识和兴趣。

4. 气象美食旅游资源的挖掘与创新,结合地方特色,开发新的美食旅游路线和体验活动。

5. 气象诗歌旅游资源的整理与展示,通过诗歌朗诵、展览等形式,让游客感受诗意的气象景观。

6. 气象节庆旅游资源的规划与实施,打造具有地方特色的气象主题节庆活动,吸引游客参与。

7. 红色气象旅游资源的挖掘与利用,结合革命历史教育,开展红色旅游项目。

8. 气象史料旅游资源的数字化与网络化,利用现代信息技术,使历史气象资料更易于公众获取和研究。

9. 人造气象景观资源的可持续发展,确保在提供旅游体验的同时,对环境的影响降到最低。

10. 人造设施与气象建筑资源的创新设计,通过科技与艺术的结合,提升互动体验和教育意义。

11. 气象旅游资源学研究人文气象资源的未来趋势,探讨如何将人文气象资源与现代科技、教育和旅游相结合,实现可持续发展。

四、气象文创旅游资源

气象文创旅游资源是指将气象元素融入文化创意产业,通过创新设计和文化表达,形成具有独特气象特色的文化产品和旅游体验。这类资源不仅能够丰富旅游市场的文化内涵,还能够促进气象知识的普及和科学教育。例如,以气象为主题的艺术展览、设计独特的气象主题公园、气象科普图书和互动体验装置等,都是气象文创旅游资源的体现。通过这些资源的开发,可以吸引更多游客参与到气象文化的体验中来,同时也有助于提升公众对气候变化和环境保护的认识。随着科技的发展和创意产业的兴起,气象文创旅游资源的开发将更加多元化,为旅游业带来新的增长点。

气象旅游资源学研究气象文创旅游资源主要聚焦在以下几个方面。

1. 气象元素与现代艺术的结合,如利用气象数据创作的音乐、绘画和雕塑作品。

2. 气象主题的互动式展览,通过虚拟现实技术让游客身临其境体验气象变化。

3. 气象科普教育的创新,例如开发以气象为主题的教育游戏和应用程序。

4. 气象文化产品的开发,例如设计以气象现象为灵感的时尚服饰和家居用品。

5. 气象节庆活动的策划,结合当地文化特色,打造独特的气象节庆体验。

6. 气象主题旅游路线的规划,串联不同地区的气象特色景点,提供深度文化体验。

7. 气象科普旅游的推广,通过线上线下的渠道,普及气象知识,提高公众的科学素养。

8. 气象文创产品的市场拓展,利用电子商务平台,将气象文创产品推向更广阔的市场。

9. 气象文化与环境保护的结合,通过文创产品和活动,倡导绿色和可持续发展的生活方式。

10. 气象文创旅游资源的国际合作与交流,借鉴国际先进经验,推动气象文创旅游资源的全球化发展。

通过这些聚焦点,气象旅游资源学不仅能够深入挖掘气象文创旅游资源的潜力,还能推动其在旅游市场中的广泛应用和持续发展。同时,这也将为气象文化的传播和气象科学的普及提供新的平台和渠道,促进气象文化与旅游产业的深度融合。

五、气象旅游资源学的其他研究对象

气象旅游资源学的其他研究对象还包括气象与旅游产业的融合模式,以及如何通过气象资源的开发来促进地方经济的发展。研究这些对象有助于理解气象资源在旅游业中的作用,以及如何通过创新和可持续的方式将气象资源转化为旅游产品和服务。

此外,气象旅游资源学还关注气象旅游资源的市场营销策略,探讨如何通过有效的营销手段提升气象旅游目的地的知名度和吸引力。同时,气象旅游资源学还涉及气象旅游资源的保护政策和法规,确保在旅游开发过程中对气象资源的合理利用和保护。这些可以为气象旅游资源的可持续发展提供理论支持和实践指导,为旅游业的长远发展奠定坚实的基础。

气象旅游资源与旅游产业融合模式的研究,旨在探索气象资源与旅游产品、服务、体验的结合方式,以及如何通过创新手段提升旅游产品的附加值。

气象资源开发与地方经济发展的关系研究,着重分析气象资源开发对当地经济的直接和间接影响,以及如何通过旅游活动带动相关产业链的发展。

气象旅游资源市场营销策略的研究,关注如何利用现代营销工具和方法,如社交媒体、大数据分析等,来增强气象旅游目的地的市场竞争力。

气象旅游资源保护政策和法规的研究,旨在制定和优化相关法律法规,确保气象资源的可持续利用,同时保护生态环境和文化遗产。

气象旅游资源的可持续发展案例研究,通过分析成功和失败的案例,总结经验教训,为气象旅游资源的可持续发展提供参考和借鉴。

气象旅游资源学还关注气象旅游资源的信息化管理,研究如何利用现代信息技术手段对气象旅游资源进行有效整合、管理和利用。这包括建立气象旅游资源数据库,实现资源的数字化、网络化和智能化管理,提高资源利用效率和服务水平。

气象旅游资源学还涉及气象旅游资源的风险管理研究,分析气象旅游资源开发过程中可能面临的各种风险,如自然灾害、市场波动、政策变化等,并制定相应的风险管理策略和应对措施,确保气象旅游资源的可持续利用和旅游业的安全稳定发展。

综上所述,气象旅游资源学的其他研究对象广泛而深入,涵盖了气象与旅游产业的融合、市场营销策略、保护政策和法规、信息化管理以及风险管理等多个方面。这些研究不仅有助于深化对气象旅游资源的认识,还能为气象旅游资源的可持续利用和旅游业的健康发展提供有力的理论支撑和实践指导。

第三节 气象旅游资源学主要研究内容

气象旅游资源学是一门综合性学科,它将气象学、地理学、旅游学等多个学科的知识融合在一起,研究气象条件对旅游资源的影响及其在旅游活动中的应用。以下是该学科的主要研究内容。

一、气象旅游资源的分类与评价

(一)气象旅游资源分类研究

首先,气象旅游资源的分类研究关注的是资源的自然属性,包括气象景观资源、气候环境资源、人文气象资源等。

其次,研究将依据旅游资源的开发潜力和旅游活动的适应性进行分类,如可开发为观光、体验、科普教育等不同类型的旅游产品。

再次,分类研究还涉及资源的时空分布特征,分析不同季节、不同地域的气象旅游资源分布规律。

最后,分类研究将探讨资源的可持续利用和保护策略,确保旅游资源的长期稳定发展。

(二)气象旅游资源的价值评估研究

评估方法研究。采用定性与定量相结合的方法,对气象旅游资源的经济价值、社会价值、文化价值和生态价值进行全面评估。

经济价值评估研究。分析气象旅游资源对当地经济的直接和间接贡献,包括旅游收入、就业机会、税收等。

社会价值评估研究。考察气象旅游资源在提升居民生活质量、促进社会和谐以及增强社区凝聚力方面的作用。

文化价值评估研究。研究气象旅游资源在传承和弘扬地方文化、促进文化交流与理解方面的重要性。

生态价值评估研究。评估气象旅游资源在维护生态平衡、保护生物多样性以及促进环境可持续发展方面的影响。

综合评价研究。将上述各项价值评估结果综合起来,形成对气象旅游资源整体价值的判断,并提出相应的保护和开发建议。

(三)气象旅游资源的评价体系研究

评价体系研究是气象旅游资源学的核心内容之一,它不仅关系到旅游资源的合理开发与利用,还涉及资源的保护和可持续发展。在构建评价体系时,需要综合考虑以下因素。

评价指标的选取。评价指标应全面反映气象旅游资源的特性,包括资源的稀缺性、独特性、观赏性、科学价值、文化内涵等多方面因素。

评价方法的科学性。采用科学合理的评价方法,如层次分析法、模糊综合评价法等,确保评价结果的客观性和准确性。

评价过程的动态性。气象旅游资源受自然条件和人为因素的影响较大,评价过程应考虑时间维度,对资源进行动态监测和评价。

评价结果的应用性。评价结果应能为旅游资源的规划、开发、保护和管理提供科学依据,指导实际工作。

评价体系的普适性与特殊性。在构建评价体系时,既要考虑其普适性,使其适用于不同类型的气象旅游资源,也要考虑其特殊性,针对不同地区的具体情况进行适当调整。

通过上述研究,可以为气象旅游资源的科学管理和合理利用提供理论支持和实践指导,促进气象旅游资源的可持续发展。

二、气象旅游资源的形成机制与分布规律研究

(一)气象旅游资源的形成机制研究

形成机制研究主要探讨气象旅游资源的生成过程及其内在规律。研究内容如下。

气象条件与旅游资源的相互作用研究。分析不同气象条件如何影响旅游资源的形成,例如温度、湿度、风力等对景观资源的影响。

地理环境对气象旅游资源的影响研究。研究地形、地貌、水文等地理因素如何塑造气象旅游资源的特征。

人类活动与气象旅游资源的关系研究。探讨人类活动如何改变气象条件,进而影响旅游资源的形成和演变。

气候变化对气象旅游资源的影响研究。研究全球气候变化趋势对气象旅游资源的长期影响,包括极端天气事件的增多对旅游资源的潜在威胁。

气象旅游资源的形成模式研究。总结不同类型的气象旅游资源形成的一般规律和特殊模式,为旅游资源的开发和保护提供科学依据。

通过深入研究气象旅游资源的形成机制,可以更好地理解其发展规律,为旅游资源的合理开发和有效保护提供理论基础。

(二)气象旅游资源的分布规律研究

气象旅游资源的分布规律研究主要关注气象旅游资源在不同地理区域和不同时间尺度上的分布特征。研究内容如下。

地理分布特征研究。分析气象旅游资源在不同地理位置的分布情况,如山脉、平原、沿海等不同地形地貌区域的气象旅游资源分布差异。

季节性分布规律研究。研究气象旅游资源随季节变化的分布规律,如夏季的雷暴、冬季的雪景等季节性气象旅游资源的分布特点。

长期变化趋势研究。探讨气象旅游资源随时间变化的趋势,分析气候变化对气象旅游资源分布的长期影响。

影响因素分析研究。研究影响气象旅游资源分布的多种因素,包括自然因素(如气候类型、地形地貌)和社会经济因素(如人口分布、交通条件)等。

分布规律的模型构建研究。构建数学模型或GIS(地理信息系统)模型,以模拟和预测气象旅游资源的分布规律,为旅游资源的规划和管理提供科学依据。

通过这些研究,可以更好地认识气象旅游资源的分布特性,为旅游规划、市场营销、风险管理和资源保护提供支持,从而促进气象旅游资源的可持续利用和旅游业的健康发展。

(三)气候变化对气象旅游资源分布的影响研究

气候变化对气象旅游资源分布的影响研究,主要关注全球气候变化趋势对气象旅游资源的长期影响。研究内容如下。

极端天气事件增多对旅游资源的潜在威胁。随着全球气候变暖,极端天气事件,如热浪、干旱、洪水和风暴等的频率和强度增加,这些变化对气象旅游资源的稳定性和可持续性构成威胁。

气候变化对季节性气象旅游资源的影响。气候变化可能导致某些季节性气象旅游资源的分布和出现时间发生变化,影响旅游活动的安排和游客体验。

气候变化对特定气象旅游资源的影响。例如,全球变暖可能导致某些地区的冰川融化,影响冰川旅游;海平面上升可能改变沿海地区的潮汐景观,影响沿海旅游。

气候变化对旅游体验的影响。气候变化可能改变旅游目的地的气候条件,影响游客的舒适度和旅游体验质量。

气候变化对旅游经济的影响。气候变化可能对旅游基础设施造成损害,增加旅游成本,影响旅游目的地的吸引力和旅游收入。

通过深入研究气候变化对气象旅游资源分布的影响,可以为旅游规划者、政策制定者和旅游业界提供科学依据,帮助其制定适应气候变化的策略,以保护和合理利用气象旅游资源,确保旅游业的可持续发展。

三、气象旅游资源的开发与利用研究

(一)气象旅游资源的开发与利用

气象旅游资源开发的策略研究。探讨如何根据气象旅游资源的特点和市场需求,制定科学合理的开发策略,以实现资源的最大化利用和保护。

气象旅游资源利用模式的创新研究。研究如何通过技术创新和管理创新,开发新的气象旅游产品和服务,满足不同游客的需求,提升旅游体验。

气象旅游资源开发的可持续性研究。分析在开发过程中如何平衡经济效益与环境保护的关系,确保气象旅游资源的长期可持续利用。

气象旅游资源开发的市场营销研究。研究如何通过有效的市场营销策略,提高气象旅游资源的知名度和吸引力,扩大市场份额。

气象旅游资源开发的风险评估与管理研究。探讨在开发过程中可能遇到的风险,包括自然灾害、市场变化等,并研究相应的风险评估和管理措施。

通过这些研究,可以为气象旅游资源的开发提供科学指导,促进旅游业的可持续发展,同时为相关利益方提供决策支持。

(二)气候旅游资源的开发与利用

在气候旅游资源的开发与利用方面,研究着重于如何在气候变化的背景下,合理规划和开发气象旅游资源,以实现旅游活动的可持续性。研究内容如下。

气候变化适应性旅游规划。研究如何调整旅游规划策略,以适应气候变化带来的影响,例如调整旅游季节、优化旅游路线和活动安排,以及增强旅游设施的气候适应性。

气候变化对旅游产品创新的影响。探讨如何利用气候变化带来的新机遇,开发新的旅游产品和服务,如气候适应性旅游、生态旅游和可持续旅游项目。

气候变化对旅游市场营销的影响。分析气候变化对旅游目的地形象和市场营销策略的影响,以及如何通过营销活动提升旅游目的地的吸引力。

气候变化对旅游政策和法规的影响。研究气候变化对旅游政策和法规制定的影响,以及如何通过政策引导促进旅游业的可持续发展。

气候变化对旅游教育和培训的影响。探讨如何通过教育和培训提高旅游从业人员对气候变化的认识和应对能力,以及如何培养未来的旅游管理人才。

通过这些研究,可以为旅游业界提供应对气候变化的策略和方法,促进气候旅游资源的合理开发与利用,同时确保旅游活动的环境可持续性和社会经济效益。

(三)气象旅游资源开发中的可持续影响研究

气象旅游资源开发的环境影响评估。研究气象旅游资源开发对当地生态环境的影响,包括生物多样性、土地使用和水资源管理等方面,确保开发活动不会对环境造成不可逆转的损害。

气象旅游资源开发的社会影响研究。探讨旅游开发对当地社区的影响,包括社会结构、文化传承和居民生活质量等方面,以促进社区的和谐发展。

气象旅游资源开发的经济效益分析。评估气象旅游资源开发对当地经济的贡献,包括就业机会的创造、收入的增加和经济结构的优化等方面,以实现经济效益的最大化。

气象旅游资源开发的政策支持与法规制定研究。分析现有政策和法规对气象旅游资源开发的支持程度,提出改进措施和建议,以促进政策和法规的完善。

气象旅游资源开发的国际合作与交流研究。探讨如何通过国际合作与交流,借鉴国际先进经验,提升气象旅游资源开发的水平和国际竞争力。

通过这些研究,可以全面评估气象旅游资源开发的多方面影响,为实现气象旅游资源的可持续开发提供理论依据和实践指导,同时为政府、企业和社区等利益相关方提供决策参考。

四、气象旅游资源的保护与管理

(一)气象旅游资源的保护研究

气象旅游资源保护的政策制定研究。研究制定有效的政策和法规,以确保气象旅游资源得到合理保护和管理,防止过度开发和环境破坏。

气象旅游资源保护的技术手段研究。探索和应用新技术,如遥感监测、GIS 等,以提高气象旅游资源保护的效率和准确性。

气象旅游资源保护的社区参与研究。鼓励当地社区参与气象旅游资源的保护工作,通过教育和培训提升社区居民的保护意识和能力。

气象旅游资源保护的国际合作研究。加强与其他国家和国际组织的合作,共同应对全球气候变化对气象旅游资源的影响,分享保护经验和技术。

气象旅游资源保护的监测与评估研究。建立气象旅游资源保护的监测体系,定期评估保护措施的效果,及时调整保护策略,以应对新的挑战。

通过这些保护措施的研究和实施,可以确保气象旅游资源得到有效的保护,同时为旅游业的可持续发展提供坚实的基础。

(二)气象旅游资源的管理研究

气象旅游资源管理的法规体系研究。研究和构建一套完善的法规体系,明确气象旅游资源的管理权限、责任和义务,为气象旅游资源的合理利用和保护提供法律保障。

气象旅游资源管理的市场机制研究。探索市场机制在气象旅游资源管理中的应用,如通过市场手段调节资源利用,促进资源的合理配置和高效利用。

气象旅游资源管理的信息化建设研究。利用现代信息技术,如大数据、云计算等,建立气象旅游资源管理的信息化平台,提高管理效率和决策的科学性。

气象旅游资源管理的公众参与机制研究。研究如何通过公众教育和参与,提高社会对气象旅游资源保护的认识,形成全社会共同参与保护的良好氛围。

气象旅游资源管理的应急响应机制研究。建立和完善气象旅游资源管理的应急响应机制,确保在极端天气事件或其他突发事件发生时,能够迅速有效地保护气象旅游资源和游客安全。

气象旅游资源管理的绩效评估体系研究。建立一套科学合理的绩效评估体系,对气象旅游资源的管理工作进行定期评估,以检验管理效果,发现问题并及时改进。

气象旅游资源管理的跨部门协作机制研究。鉴于气象旅游资源管理涉及多个部门和领域,研究如何建立有效的跨部门协作机制,加强信息共享和协调配合,形成合力,提高管理效能。

气象旅游资源管理的可持续发展策略研究。结合当前和未来的发展趋势,研究制定气象旅游资源管理的可持续发展策略,确保资源的长期保护和合理利用。

通过这些管理研究的实施,可以进一步提升气象旅游资源的管理水平,促进资源的可持续利用,为旅游业的繁荣发展注入新的活力。同时,也为保护和传承气象旅游资源这一宝贵的自然和文化财富提供有力保障。

(三)气象旅游资源的保护与管理趋势研究

随着全球气候变化和环境问题的日益严峻,气象旅游资源的保护与管理趋势研究显得尤为重要。未来的研究方向可能包括以下方面。

1. 气象旅游资源的适应性保护研究。随着气候变化的加剧,研究如何调整保护措施,以适应新的环境条件,确保气象旅游资源的长期稳定。

2. 气象旅游资源的生态补偿机制研究。探索建立生态补偿机制,以经济激励的方式鼓励企业和个人参与气象旅游资源的保护工作。

3. 气象旅游资源的数字化管理研究。利用数字技术,如虚拟现实、增强现实等,创建气象旅游资源的数字档案,便于资源的保护、管理和教育推广。

4. 气象旅游资源的灾害风险管理研究。研究如何通过气象旅游资源的保护与管理,减少自然灾害带来的风险,提高旅游地的抗灾能力。

5. 气象旅游资源的绿色旅游开发研究。研究如何将气象旅游资源的保护与绿色旅游理念相结合,推动旅游业的绿色发展。

6. 气象旅游资源的国际保护标准研究。参考国际保护标准和最佳实践,制定适合本国国情的气象旅游资源保护与管理标准。

7. 气象旅游资源的社区共管模式研究。研究如何在保护气象旅游资源的同时,促进当地社区的经济发展,实现保护与发展的双赢。

通过这些研究,可以为气象旅游资源的保护与管理提供新的思路和方法,确保这些宝贵资源得到有效的保护和合理的利用,为未来世代留下丰富的自然和文化财富。

五、气象旅游资源的市场营销与推广研究

(一)气象旅游资源的市场营销与推广策略研究

市场定位与目标客户分析研究。明确气象旅游资源的市场定位,分析目标客户

群体的需求和偏好,为制定有效的市场营销策略提供依据。

品牌建设与形象塑造研究。构建独特的气象旅游资源品牌,通过故事化、情感化的方式塑造品牌形象,增强市场吸引力。

营销渠道与传播策略研究。探索多元化的营销渠道,包括线上平台和线下活动,制定有效的传播策略,扩大气象旅游资源的知名度和影响力。

产品组合与服务创新研究。开发多样化的气象旅游产品和服务,满足不同客户的需求,提升客户体验,增强市场竞争力。

价格策略与促销活动研究。制定合理的价格策略,结合市场情况和成本控制,开展促销活动,吸引游客,提高销售业绩。

合作伙伴关系建立研究。与旅游相关企业、媒体、社区等建立合作伙伴关系,共同推广气象旅游资源,实现资源共享和互利共赢。

持续监测与市场反馈研究。建立市场监测机制,收集客户反馈,及时调整营销策略,确保市场营销活动的有效性和适应性。

通过上述市场营销与推广策略的研究,可以为气象旅游资源的开发和利用提供科学指导,促进其在市场中的成功推广和可持续发展。

(二)气象旅游资源的市场营销与推广技术研究

利用数字营销技术进行市场推广,包括社交媒体营销、搜索引擎优化和内容营销等,以提升气象旅游资源的网络曝光度和用户互动。

运用大数据分析进行市场研究,通过数据挖掘和分析技术,深入理解消费者行为,预测市场动向,为营销决策提供数据支持。

探索虚拟现实(VR)技术和增强现实(AR)技术在气象旅游资源市场营销中的应用,通过沉浸式体验增强用户对气象旅游产品的感知和兴趣。

(三)气象旅游资源的市场营销与推广品牌建设研究

品牌故事与文化内涵挖掘研究。深入挖掘气象旅游资源背后的文化故事和历史内涵,通过故事化营销,将品牌与文化紧密结合,提升品牌的文化价值和市场认同感。

客户体验与互动营销研究。设计互动性强的营销活动,如气象旅游主题的体验活动、互动展览等,增强游客的参与感和体验感,从而提升品牌忠诚度。

环保理念与可持续发展营销研究。将环保理念融入市场营销策略中,强调气象旅游资源的可持续发展,吸引对环保和可持续旅游有兴趣的消费者。

跨界合作与品牌联合营销研究。寻求与其他行业的跨界合作机会,如与时尚品牌、科技公司等进行联合营销,拓宽品牌影响力,创造新的市场机会。

品牌国际化与全球市场拓展研究。研究如何将气象旅游资源品牌推广至国际市场,包括文化适应性、国际营销策略和全球分销渠道的建立。

品牌危机管理与公关策略研究。制订品牌危机应对计划,提高品牌在面临负面事件时的应对能力,维护品牌形象和市场信任。

通过这些研究,可以进一步深化气象旅游资源的市场营销与推广策略,构建强大的品牌力量,为气象旅游资源的长远发展奠定坚实基础。

六、气象旅游资源的旅游体验与服务研究

(一)气象旅游资源的旅游体验与服务设计研究

体验设计与个性化服务研究。研究如何根据游客的个性化需求设计独特的气象旅游体验,提供定制化服务,以满足不同游客的期望和偏好。

互动体验与教育推广研究。开发互动性强的旅游项目,如气象科普展览、互动体验馆等,以教育游客并提高他们对气象旅游资源的认识和兴趣。

服务流程与效率优化研究。分析和优化旅游服务流程,提高服务效率,减少游客等待时间,提升整体旅游体验的满意度。

安全保障与应急响应研究。制定完善的旅游安全保障措施和应急响应计划,确保游客在气象旅游活动中的安全。

旅游体验与服务质量评估研究。建立一套科学的评估体系,定期对气象旅游体验和服务质量进行评估,以持续改进和提升旅游体验。

旅游体验与服务的可持续性研究。探索如何在提供高质量旅游体验的同时,确保资源的可持续利用和环境保护,实现旅游业的长期发展。

通过这些研究,可以为气象旅游资源的旅游体验与服务提供创新的设计思路和实施策略,从而提升游客的整体满意度,促进气象旅游资源的可持续发展。

(二)气象旅游资源的旅游体验与服务标准和质量提升研究

服务标准的制定与实施研究。研究制定一套全面的气象旅游服务标准,涵盖接待、导览、安全、卫生等方面,确保游客获得一致的高质量体验。

服务质量监控与改进机制研究。建立一套有效的服务质量监控体系,通过定期检查和游客反馈,及时发现并解决服务中的问题,持续提升服务质量。

专业人才培养与服务团队建设研究。针对气象旅游资源的特点,培养专业的服务人才,加强服务团队的建设,提高服务人员的专业技能和服务意识。

旅游体验创新与科技应用研究。探索利用现代科技,如人工智能、物联网等,创新旅游体验方式,提升服务效率和游客体验。

旅游体验与服务的个性化定制研究。研究如何根据游客的个性化需求,提供更加个性化的旅游体验和服务,以满足不同游客的特殊需求。

旅游体验与服务的可持续发展策略研究。研究如何在提供高质量旅游体验的同时,确保资源的可持续利用和环境保护,实现旅游业的长期发展。

通过这些研究,可以为气象旅游资源的旅游体验与服务提供创新的设计思路和

实施策略,从而提升游客的整体满意度,促进气象旅游资源的可持续发展。

(三)气象旅游资源对旅游目的地形象和游客满意度的影响研究

形象塑造与品牌建设研究。探讨如何通过气象旅游资源的特色和优势,塑造独特的旅游目的地形象,建立强有力的品牌效应,吸引更多的游客。

游客满意度与忠诚度研究。通过调查和分析游客对气象旅游体验的满意度,了解游客的需求和偏好,进而提升游客的忠诚度和重游率。

市场定位与营销策略研究。研究气象旅游资源在旅游市场中的定位,制定有效的营销策略,以提高市场竞争力和吸引力。

旅游目的地竞争力分析研究。分析气象旅游资源对旅游目的地竞争力的影响,提出提升竞争力的策略和措施。

旅游目的地形象与满意度的关联研究。研究气象旅游资源对旅游目的地形象和游客满意度之间的相互作用和影响机制,为旅游目的地的长远发展提供理论支持和实践指导。

通过以上研究内容,气象旅游资源学旨在为旅游业提供科学的理论支持和实践指导,促进气象旅游资源的合理开发与保护,提升旅游体验,推动旅游业的可持续发展。

第四节 气象旅游资源学与相关学科的关系

气象旅游资源学是一门综合性学科,它与多个学科有着密切的联系。

首先,气象旅游资源学与气象学的关系最为紧密。气象学为气象旅游资源学提供了基础理论和数据支持,帮助其更好地理解和预测天气变化对旅游资源的影响。例如,气象学家通过分析气候数据,可以预测某个地区的最佳旅游季节,从而为旅游业的发展提供科学依据。

其次,气象旅游资源学与地理学也有着不可分割的联系。地理学研究地球表面的自然和人文现象,而气象旅游资源往往与特定的地理环境密切相关。了解一个地区的地形、地貌、水文等特征,有助于更好地开发和利用当地的气象旅游资源。例如,山地、湖泊、海滨等不同地理环境下的气象景观各有特色,吸引着不同类型的游客。

再次,气象旅游资源学与生态学也有着紧密的联系。生态学研究生物与环境之间的相互关系,而气象旅游资源往往涉及自然生态系统的保护和可持续利用。通过生态学的研究,可以更好地评估气象旅游资源的开发对生态环境的影响,从而制定出科学合理的保护措施。

最后,气象旅游资源学还与经济学、管理学等社会科学有着密切联系。经济学为气象旅游资源的开发和管理提供了市场分析和经济评估的工具,帮助其更好地把握市场需求,制定合理的旅游产品和服务价格。管理学则提供了有效的组织和管理方法,帮助旅游业实现资源的优化配置和高效运营。

综上所述,气象旅游资源学是一门跨学科的综合性学科,它与气象学、地理学、生态学以及社会科学等多个学科相互交叉、相互促进。只有充分理解和运用这些相关学科的知识,才能更好地开发和利用气象旅游资源,推动旅游业的可持续发展。

一、气象旅游资源学与气象学的关系

气象学作为一门研究大气现象及其变化规律的学科,为气象旅游资源学提供了坚实的理论基础。气象旅游资源学则在气象学的基础上,进一步探讨如何将气象资源转化为旅游产品,满足人们休闲、娱乐和体验的需求。

首先,气象学的研究成果为气象旅游资源的开发提供了科学依据。通过对不同气象现象的分析和预测,气象学家能够为旅游规划者提供准确的气象信息,帮助他们选择最佳的旅游时间和地点。例如,了解某个地区的降雨规律和季节性气候变化,可以为开发雨季旅游项目或避暑胜地提供指导。

其次,气象旅游资源学注重气象现象与旅游活动的结合。气象旅游资源不仅包括自然景观,如云海、雾凇、极光等,还包括与气象相关的文化活动,如观星、赏雪、观潮等。气象学的研究成果使得这些资源能够被更好地开发和利用,从而丰富旅游产品的多样性。

最后,气象旅游资源学还关注气象灾害对旅游业的影响。气象灾害,如台风、暴雨、干旱等,会对旅游目的地的安全和游客体验产生负面影响。气象旅游资源学通过研究气象灾害的规律和应对措施,帮助旅游业者制定应急预案,减少灾害带来的损失。

二、气象旅游资源学与地理学的关系

气象旅游资源学与地理学在研究内容和方法上有着广泛的交集。地理学作为一门研究地球表面自然现象和人文现象的科学,其为气象旅游资源的开发和利用提供了重要的理论基础和实践指导。

首先,地理学中的自然地理学部分,涉及气候、水文、土壤、植被等自然要素,这些要素直接影响着气象旅游资源的形成和分布。特定的气候条件是形成独特气象景观的基础,如热带雨林、沙漠、极地等。地理学家通过对这些自然要素的研究,能够揭示气象旅游资源的形成机制和演变规律,为气象旅游资源的开发提供科学依据。

其次,人文地理学部分则关注人类活动与地理环境之间的相互作用,这对于气象旅游资源的开发和管理具有重要意义。人文地理学研究人类社会如何利用和改造自然环境,这包括对气象旅游资源的开发、保护和可持续利用。通过研究不同地区的人文背景、社会经济条件和文化传统,地理学家能够提出适合当地实际情况的气象旅游资源开发策略,促进旅游业的健康发展。

最后,地理信息系统在气象旅游资源学中的应用也越来越广泛。GIS 技术能够对气象旅游资源进行空间分析和可视化表达,帮助研究者和决策者更好地理解气象旅游资源的分布特征和开发潜力。通过 GIS 技术,可以实现气象旅游资源的精确评估和有效管理,为旅游规划和市场营销提供科学支持。

三、气象旅游资源学与生态学的关系

气象旅游资源学主要研究气象现象和气候条件对旅游活动的影响,而生态学则关注生物与其环境之间的相互作用。两者在研究自然环境对人类活动的影响方面有着共同的关注点。

首先,气象旅游资源学在研究旅游目的地的吸引力时,必须考虑生态系统的健康状况。例如,一个地区的气候条件可能非常适合开展某种旅游活动,但如果该地区的生态系统受到破坏,其吸引力也会大打折扣。因此,气象旅游资源学在评估和开发旅游资源时,必须与生态学相结合,确保旅游活动的可持续性。

其次,生态学为气象旅游资源学提供了重要的理论基础。生态学中的许多概念和方法,如生态平衡、物种多样性、生态系统服务等,都可以应用于气象旅游资源的评估和管理。通过了解一个地区的生态状况,气象旅游资源学研究者可以更好地预测和应对气候变化对旅游活动的影响,制定出更为科学合理的旅游规划。

最后,气象旅游资源学与生态学的结合还可以促进环境保护和生态旅游的发展。生态旅游是指在保护自然环境的前提下开展的旅游活动。气象旅游资源学对气象条件和气候资源的深入研究,可以帮助旅游开发者选择适宜的旅游项目和开发方式,避免对生态环境造成破坏。同时,生态学的研究成果也可以为气象旅游资源学提供科学依据,指导旅游活动在不破坏生态平衡的前提下进行。

四、气象旅游资源学与旅游资源学的关系

气象旅游资源学和旅游资源学在研究对象和方法上有着诸多交集,但又各有侧重。旅游资源学主要研究各种自然和人文景观资源,探讨其开发、利用和保护的规律,而气象旅游资源学则专注于那些与气象条件密切相关的旅游资源,如气候景观、气象现象等。

首先,气象旅游资源学是旅游资源学的一个分支,它在旅游资源学的基础上进一步细化和深化。气象旅游资源学的研究内容包括气象景观资源的分类、评价、开发和管理等方面。气象旅游资源学会对不同地区的气候景观进行分类,如热带雨林、沙漠、极地等,并探讨这些景观的旅游开发潜力和可持续利用策略。

其次,气象旅游资源学的研究方法也与旅游资源学有所不同。气象旅游资源学

更多地依赖于气象学、地理学和环境科学等学科的研究成果和方法。例如，气象旅游资源学在研究某一地区的气候景观时，会利用气象数据进行分析，评估该地区的气候条件对旅游活动的影响，从而为旅游规划提供科学依据。

最后，气象旅游资源学还关注气象灾害对旅游活动的影响。气象灾害，如台风、暴雨、干旱等，会对旅游目的地的安全和游客体验产生重大影响。气象旅游资源学通过对气象灾害的预测和预警，提出应对措施，以减少灾害对旅游业的负面影响，保障游客安全。

五、气象旅游资源学与经济学的关系

气象旅游资源学和经济学相互依存、相互促进。气象旅游资源学主要研究气象资源在旅游活动中的应用及价值，而经济学则为气象旅游资源的开发、管理和利用提供了理论基础和方法指导。

首先，经济学中的成本效益分析在气象旅游资源的开发中起着至关重要的作用。通过对气象旅游资源开发项目的成本和预期收益进行详细分析，决策者可以更好地评估项目的可行性，从而做出科学合理的投资决策。例如，在开发某个地区的气象旅游项目时，需要考虑建设基础设施、维护气象观测设备以及市场营销等方面的成本，并预测游客数量、旅游收入等收益，以确保项目的经济效益。

其次，气象旅游资源的开发和管理需要遵循经济学中的市场规律。气象旅游资源具有季节性和地域性等特点，因此，在开发过程中需要充分考虑市场需求和供给关系。例如，在旅游旺季，气象旅游资源的供给可能无法满足游客的需求，导致资源的浪费；而在淡季，资源的闲置又会造成经济损失。因此，通过市场调研和预测，合理安排气象旅游资源的开发和利用，可以有效提高资源的使用效率和经济效益。

再次，气象旅游资源的开发还可以带动相关产业的发展，促进地区经济的增长。气象旅游资源的开发不仅涉及旅游业本身，还涉及交通、餐饮、住宿、娱乐等多个行业。通过气象旅游资源的开发，可以吸引更多的游客前来，从而带动这些相关产业的发展，增加就业机会，提高地区经济水平。

最后，气象旅游资源的开发和利用还需要考虑环境保护和可持续发展的问题。经济学中的可持续发展理论强调，在满足当前需求的同时，不损害未来代际的需求。气象旅游资源的开发应遵循这一原则，合理利用资源，保护生态环境，确保气象旅游资源的长期可持续利用。

六、气象旅游资源学的交叉学科体系

气象旅游资源学的交叉学科体系不仅涵盖了气象学和旅游学的基本理论，还涉及地理学、生态学、环境科学、经济学等多个学科领域。通过这些学科的交叉融合，气象旅游资源学为旅游业的发展提供了更为全面和深入的理论支持。

第一章 绪　　论

　　首先,地理学为气象旅游资源学提供了空间分析的基础。通过对不同地区的气候特征、地形地貌以及植被分布等要素的研究,地理学可以帮助其更好地理解气象旅游资源的分布规律和开发潜力。例如,高山地区的气象旅游资源往往包括独特的云海景观、雪景以及四季分明的自然风光,而海滨地区的气象旅游资源则以海风、海浪、日出、日落等景观为主。

　　其次,生态学在气象旅游资源学中起到了重要的作用。生态旅游作为一种新兴的旅游形式,强调在保护自然环境的前提下进行旅游活动。气象旅游资源的开发和利用必须考虑到生态平衡,避免对自然环境造成破坏。某些气象景观的形成与特定的生态系统密切相关,如湿地的雾、森林的晨雾等。因此,在开发这些气象旅游资源时,必须充分考虑生态保护的需要。

　　再次,环境科学在气象旅游资源学中的应用同样不可忽视。随着人们环境保护意识的增强,越来越多的游客在选择旅游目的地时会考虑其环境质量。气象旅游资源的开发和管理需要科学评估其对环境的影响,采取有效措施减少污染和破坏。例如,通过合理规划旅游路线和游客容量,可以避免因过度开发而导致的生态退化和景观破坏。

　　最后,经济学则为气象旅游资源的开发和管理提供了决策支持。通过对市场需求、投资回报、成本效益等方面的分析,经济学可以帮助旅游业者制定合理的开发计划和营销策略。例如,在某些地区,气象旅游资源的季节性较强,如何在淡季吸引游客成了一个重要课题。通过经济学的分析,可以制定出具有吸引力的旅游产品和优惠措施,平衡淡旺季的游客流量,提高经济效益。

第二章 气象旅游资源的特点与分类

第一节 气象旅游资源的特点

气象旅游资源是指那些因气象和气候条件而形成的独特景观和现象,是能够吸引游客前来观赏、体验和参与的自然资源。这些资源具有以下特点。

一、气象旅游资源的季节性

气象旅游资源的季节性变化明显,能够根据季节的不同展现不同的景观和体验。例如,春季的樱花盛开、夏季的雷雨云海、秋季的红叶满山、冬季的雪景冰雕等,都是季节性气象旅游资源的典型代表。

季节性变化对旅游活动的安排和市场营销具有重要影响。旅游企业可以根据气象旅游资源的季节性特点,策划不同季节的旅游产品和活动,吸引游客在特定季节前来体验。

季节性气象旅游资源的开发和利用需要考虑气候条件的适宜性。例如,夏季的高温天气可能不适合开展户外活动,而冬季的寒冷则可能限制某些旅游项目的开展。因此,合理规划和利用季节性气象旅游资源,对于提升旅游体验和保障游客安全至关重要。

季节性变化对旅游设施和服务的配置提出要求。旅游目的地需要根据季节性特点调整服务设施,如增加夏季的防晒设施和冬季的保暖设施,以满足游客在不同季节的特殊需求。

季节性气象旅游资源的开发应注重环境保护。在开发过程中,应避免对自然环境造成破坏,保护生态平衡,确保气象旅游资源的可持续利用。

季节性气象旅游资源的市场营销策略应具有针对性。旅游营销活动应结合季节性特点,突出不同季节的特色,以吸引不同偏好的游客群体。

二、气象旅游资源的地域性

气象旅游资源的地域性特征显著,不同地区的气象旅游资源具有独特的地域特色和文化内涵。例如,热带地区的雨林气候、沙漠地区的干旱气候、高原地区的高海拔气候等,都形成了各自独特的气象旅游资源。

地域性影响旅游产品的设计和推广。旅游企业需要根据各地域的气象旅游资源特点,设计符合当地气候条件的旅游产品,以吸引不同地域的游客。

地域性气象旅游资源的开发需要考虑地理环境的适应性。开发过程中应充分考虑地形、地貌、植被等自然条件,以及当地居民的生活习惯和文化传统,以实现旅游开发与地域环境的和谐共生。

地域性变化对旅游基础设施建设提出特定要求。旅游目的地应根据地域性特点,建设适应当地气候条件的基础设施,如防风沙设施、防洪设施等,以保障游客的安全和舒适。

地域性气象旅游资源的保护与管理应注重地方特色。在保护和管理过程中,应尊重和利用当地的自然和文化资源,发展具有地域特色的旅游项目,促进当地经济和文化的可持续发展。

三、气象旅游资源的多变性

多变性体现在气象旅游资源随天气和气候条件的不断变化而呈现出的多样性。例如,云雾的形态、风的强度和方向、温度和湿度的波动等,都会影响气象旅游资源的展现和游客的体验。一场突如其来的暴风雨可能会改变原本计划的户外活动,而一场温暖的春雨则可能带来意想不到的花海美景。这种多变性要求旅游企业具备灵活的应对策略,能够根据实时的气象信息调整旅游计划和活动安排,以确保游客的安全和满意度。

多变性要求旅游规划者和经营者具备灵活应对的能力。他们需要密切关注天气预报,合理安排旅游活动,以确保游客的安全和满意度。

多变性对气象旅游资源的保护和管理提出了挑战。必须建立有效的监测和预警系统,以预防和减少极端天气事件对旅游资源和游客安全的潜在威胁。

多变性也意味着气象旅游资源具有较高的创新潜力。旅游开发者可以利用气象条件的不确定性,设计出新颖独特的旅游产品和服务,吸引寻求新鲜体验的游客。

多变性要求旅游营销策略具有高度的适应性和灵活性。营销活动应能够根据实时的气象条件调整,以最大化地利用气象旅游资源的吸引力。气象旅游资源的多变性要求旅游营销人员能够灵活运用各种营销手段,如实时更新旅游信息、提供与天气相关的旅游建议等,以吸引游客。同时,通过社交媒体等渠道,及时发布天气变化信息,可以增强游客对旅游目的地的期待和兴趣。

四、气象旅游资源的观赏性

观赏性是气象旅游资源吸引游客的重要因素之一。气象景观,如云海、极光、彩虹等,因其独特的视觉效果和美学价值,成为摄影爱好者和自然观察者的"天堂"。

这些景观往往具有强烈的视觉冲击力和艺术感染力,能够激发游客的审美情感和探索欲望。

观赏性气象旅游资源的开发需要注重保护和可持续利用。在开发过程中,应避免过度商业化和人为破坏,保护景观的自然状态和生态平衡,确保资源的长期吸引力和价值。

观赏性气象旅游资源的市场营销应突出其独特性和稀缺性。通过高质量的摄影、视频和虚拟现实技术,可以将这些气象景观的美丽和壮观传递给更广泛的受众,激发他们的旅游兴趣。

观赏性气象旅游资源的保护与管理需要公众的参与。通过举办气象节、科普讲座和体验活动,可以提高公众对气象旅游资源价值的认识,促进其保护意识的形成。

观赏性气象旅游资源的开发和利用应与当地社区的发展相结合。通过培训当地居民参与旅游服务和管理,可以促进当地经济的发展,同时保护和传承地方文化。

五、气象旅游资源的参与性

一些气象旅游资源不仅具有观赏性,还具有较高的参与性。例如,滑雪、滑冰、热气球等旅游项目,游客可以参与其中,享受与自然互动的乐趣。

参与性气象旅游资源能够提供给游客互动体验的机会,例如,参与气象观测、气象科普教育活动等,使游客在参与过程中获得知识和乐趣,增强旅游体验的深度和广度。

参与性气象旅游资源的开发应注重游客的体验设计,通过设置互动展览、模拟体验区等方式,让游客能够亲身体验气象现象的形成过程,从而提升其参与感和满足感。

参与性气象旅游资源的市场营销策略应突出其互动性和教育性,通过举办气象节、科学营等活动,吸引家庭游客和学生群体,促进旅游与教育的结合。

参与性气象旅游资源的保护与管理应确保游客安全,同时提供必要的教育信息和指导,使游客在参与过程中能够了解气象知识,增强对气象资源保护的意识。

参与性气象旅游资源的开发应考虑与当地社区的合作,通过培训当地居民成为导游或活动组织者,让他们参与到旅游服务中来,从而促进当地经济的发展和文化的传承。

六、气象旅游资源的可持续性

可持续性是气象旅游资源开发的核心原则之一。在开发过程中,应注重资源的长期利用和环境保护,避免对自然环境造成不可逆转的损害。这要求旅游开发者采取科学合理的规划和管理措施,确保旅游活动的生态可持续性。

可持续性要求在旅游产品设计中融入环保理念。开发的旅游产品不仅要满足游客的需求，还要考虑对环境的影响，推广绿色旅游和低碳旅游，鼓励游客参与环保活动，增强环保意识。

可持续性在旅游服务中体现为提供高质量的体验，同时减少对环境的负担。例如，通过使用可再生能源、减少废弃物产生、实施垃圾分类等措施，实现旅游服务的绿色化。

可持续性还意味着旅游企业应承担社会责任，与当地社区合作，提升当地居民的经济利益和社会福祉。通过旅游收入的合理分配，支持当地教育、卫生和基础设施建设，实现旅游与社区的共同繁荣。

可持续性要求旅游行业持续关注气候变化对旅游活动的影响，并采取适应性措施。旅游企业应定期评估气候变化对旅游目的地的影响，调整旅游产品和服务，以适应新的环境条件，确保旅游活动的连续性和稳定性。

第二节　气象旅游资源的分类

一、气象旅游资源分类概述

气象旅游资源的分类是根据其独特的属性和特征进行的，旨在更好地理解和管理这些资源。分类过程考虑了资源的自然属性、文化价值、旅游吸引力以及它们在不同环境和季节中的表现。通过分类，可以为旅游规划者、开发者和管理者提供清晰的指导，帮助他们制定有效的策略，以保护和合理利用这些宝贵的资源。分类不仅有助于资源的保护，还能促进旅游产品的创新和多样化，满足不同游客的需求，从而推动旅游业的可持续发展。

自然景观类。这类资源包括各种自然形成的气象景观，如云雾、雨露、冰雪、风、光以及极端天气等。它们是旅游者体验自然之美的重要对象，也是气象旅游资源中最为直观和常见的类型。

气候体验类。这类资源侧重于提供给旅游者独特的气候体验，如不同地区的气候养生、气候景观以及气候体验活动等。它们能够满足旅游者对健康、休闲和探险的需求。

气象现象类。这类资源涵盖了各种气象现象，如雷电、龙卷、台风、沙尘暴和冰雹等。它们具有一定的观赏性和科学价值，能够吸引对气象科学感兴趣的游客。

文化融合类。这类资源将气象元素与当地文化相结合，如气象历史遗迹、气象民俗、气象艺术、气象美食等。它们不仅丰富了旅游的文化内涵，也促进了地方文化的传播和保护。

对气象旅游资源进行分类不仅有助于旅游规划和管理，还能够促进旅游产品的创新和多样化，满足不同游客的需求，从而推动旅游业的可持续发展。因此，气象旅游资源的分类方法是多维度的，它不仅基于资源的自然属性，还涉及文化价值和旅游吸引力。分类旨在有效管理资源，推动旅游产品创新，并能够分类帮助旅游规划者和开发者理解资源特性，制定符合市场需求的产品和服务，促进旅游业可持续发展。

二、气象旅游资源分类的意义

促进旅游产品多样化发展。通过细致的分类，旅游业界可以针对不同类型的气象旅游资源设计出多样化的旅游产品，满足不同游客群体的个性化需求。例如，对于那些对极端天气景观感兴趣的游客，可以开发出以探险和体验为主的旅游产品。

提高旅游目的地的吸引力。分类研究有助于挖掘气象旅游资源的独特性，通过打造特色鲜明的旅游项目，提升旅游目的地的吸引力，从而增加游客的到访率和停留时间。

优化资源配置。科学的分类有助于旅游规划者合理分配资源，优先发展那些具有较高市场潜力和可持续性的气象旅游资源，避免资源浪费和环境破坏。

强化旅游服务与管理。分类体系的建立有助于旅游服务提供者更好地理解各类气象旅游资源的特点，从而提供更加专业和个性化的服务。同时，分类也有助于旅游管理者制定更为有效的管理策略，确保旅游活动的安全和有序进行。

推动气象旅游资源的保护与传承。通过分类研究，可以更好地识别和保护那些具有重要科学价值和文化意义的气象旅游资源，促进其保护与传承，同时也有利于提升公众对气象旅游资源保护的意识和参与度。

三、气象旅游资源分类的原则

科学性原则。分类应基于气象旅游资源的自然属性、形成机制、分布规律以及与人类活动的关系等科学依据，确保分类的客观性和准确性。

系统性原则。分类应体现气象旅游资源的系统性，即在宏观上把握资源的整体特征，在微观上深入分析资源的个体差异，形成层次分明、相互关联的分类体系。

实用性原则。分类应便于旅游规划、管理、开发和保护等实际工作的开展，为旅游业界提供易于理解和操作的分类框架。

可持续性原则。分类应考虑资源的可持续利用，确保在满足当前旅游需求的同时，不损害未来代际的旅游发展机会。

综合性原则。分类应综合考虑气象旅游资源的自然、文化、经济和社会等多方面因素，以全面反映资源的价值和意义。

动态性原则。分类应具有一定的灵活性和适应性，能够随着科学研究的深入、市场需求的变化以及社会经济的发展而进行相应的调整和完善。

四、气象旅游资源分类的依据

资源的自然属性。分类时应考虑气象旅游资源的自然特征,如气候类型、地理环境、季节变化等,这些因素直接影响旅游资源的形成和游客体验。

资源的观赏价值。分类时应考虑旅游资源的观赏性,包括其独特性、美感、壮观程度等,这些是吸引游客的关键因素。

资源的体验性。分类时应考虑游客参与和体验的可能性,如是否能提供互动体验、探险活动、文化体验等。

资源的科学与教育价值。分类时应考虑旅游资源在科学教育方面的潜力,如是否能用于科普教育、科学研究等。

资源的市场潜力。分类时应基于市场研究,考虑旅游资源的市场吸引力、目标客群、潜在的经济价值等,以指导旅游产品的开发和营销策略。

五、气象旅游资源分类的步骤

确定分类目标和范围。首先,明确分类的目的,是为了旅游规划、市场营销、教育科普还是其他目的。其次,界定分类的地理范围和资源类型,确保分类工作具有针对性和可操作性。

收集和整理气象旅游资源数据。收集相关气象旅游资源的详细信息,包括自然属性、观赏价值、体验性、科学与教育价值以及市场潜力等,为分类提供充分的数据支持。

应用分类原则和依据进行初步分类。根据气象旅游资源分类的原则和依据,对收集到的数据进行初步归类,形成初步分类框架。

评估和优化分类结果。对初步分类结果进行评估,分析其科学性、系统性、实用性、可持续性、综合性以及动态性,根据评估结果对分类框架进行调整和优化。

形成最终的分类体系。在经过多轮评估和优化后,形成一套科学、合理、实用的气象旅游资源分类体系,并将其应用于旅游规划、产品开发、市场营销和教育科普等实际工作中。

制定分类标准和规范。确立明确的分类标准和规范,以确保分类的一致性和可比性,便于不同地区和不同研究者之间的交流与合作。

持续更新和维护分类体系。随着气象旅游资源的不断变化和旅游需求的发展,定期对分类体系进行更新和维护,确保其始终反映最新的研究成果和市场动态。

六、气象旅游资源的主要分类

(一)按照气象旅游资源的自然属性进行分类

按照气象旅游资源的自然属性进行分类,可以分为自然景观类、气候体验类、气象现象类和文化融合类等主要类别。

自然景观类。云海景观，如黄山和峨眉山的壮观云海，为游客带来视觉震撼。雾景，常见于清晨或傍晚的山间湖面，增添神秘与幽静。彩虹，雨后初晴时阳光折射形成，是自然界的亮丽风景。极光，高纬度地区夜晚出现的绚丽景象，由地球大气与太阳风作用产生，观赏价值极高。

气候体验类。避暑胜地，夏季凉爽宜人，成为游客避暑纳凉的好去处，如庐山、承德避暑山庄。温泉疗养，富含矿物质的温泉水，对人体有保健作用，如云南腾冲的温泉群。冰雪旅游，包括冬季的滑雪场、冰灯节等，利用冰雪资源开展的旅游活动，如哈尔滨冰雪大世界。

气象现象类。雷电奇观，在某些地区特定的气候条件下，出现的雷电现象，如美国的新墨西哥州被称为"闪电之都"。风景奇观，因特殊的风蚀作用形成的奇特地貌，如新疆的"魔鬼城"。天文气象，与气象条件紧密相关，具有极高的观赏性和科研价值，如流星雨、日全食、月全食等天文现象。

文化融合类。节日庆典，传统节日与特定的气象条件相结合，形成了独特的旅游体验，如端午节的龙舟竞渡、中秋节的赏月活动。民俗风情，不同地区因气候条件不同而形成的独特民俗风情，如少数民族的马背文化、沿海地区的渔家文化等。

（二）根据气象旅游资源的开发和利用方式分类

根据气象旅游资源的开发和利用方式，可以划分为观光型气象旅游资源、体验型气象旅游资源、科普型气象旅游资源、疗养型气象旅游资源等多种类型。

观光型气象旅游资源。观光型气象旅游资源主要指那些以观赏为主要目的的气象资源，如云海、雾景、彩虹和极光等。这些资源通常具有较高的观赏价值，能够吸引大量游客前来观赏和拍照留念。

体验型气象旅游资源。体验型气象旅游资源强调游客的参与性和互动性，例如，避暑胜地、温泉疗养和冰雪旅游等。游客不仅能够欣赏到气象景观，还能亲身体验与之相关的活动，如滑雪、温泉浴等。

科普型气象旅游资源。科普型气象旅游资源侧重于教育和科学普及功能，如雷电奇观、风景奇观和天文气象等。通过这些资源，游客可以学习到气象知识和自然科学原理，同时享受旅游的乐趣。

疗养型气象旅游资源。疗养型气象旅游资源主要指那些具有健康疗养功能的气象资源，如温泉疗养。这些资源通常结合了自然环境和气候条件，为游客提供放松身心、恢复健康的场所。

其他类型气象旅游资源。除了上述分类外，还有其他类型的气象旅游资源，如文化融合类气象旅游资源。这类资源将气象现象与当地文化、节日庆典和民俗风情相结合，为游客提供独特的文化体验和旅游享受。

(三)依据气象旅游资源的可持续性特点分类

依据气象旅游资源的可持续性特点,可以将其分为可持续利用型和非可持续利用型两大类。

可持续利用型气象旅游资源。可持续利用的气象旅游资源指在开发中保持生态平衡、环境影响小、长期服务旅游的资源。其开发需遵循可持续原则,确保资源长期利用和保护。生态旅游项目,如鸟类观察、植物园游览,在提供观赏学习机会的同时,通过管理保护确保生态系统稳定和资源再生。

非可持续利用型气象旅游资源。不可持续的气象旅游资源指的是那些开发过程中对环境破坏大或资源不可再生的类型。这类资源在开发过程中通常涉及过度开发和环境破坏,如过度建设滑雪场和不合理的温泉开发。因此,必须采取严格措施限制其开发规模和强度,或寻找可持续的替代资源,以降低环境影响。在气象旅游资源分类时,应考虑其自然属性、观赏价值、教育意义、市场潜力和可持续性等因素,以确保资源的合理开发和保护,促进旅游与环境的和谐发展。

(四)按照气象旅游资源的地域分布分类

按照气象旅游资源的地域分布,可以分为城市气象旅游资源、乡村气象旅游资源、山地气象旅游资源、海洋气象旅游资源等。

城市气象旅游资源。城市气象旅游资源主要指在城市环境中,由于人类活动和城市气候特征而形成的气象旅游资源。例如,城市中的热岛效应可以形成独特的城市气候景观。城市中的高楼大厦,在特定的天气条件下,如雾天或雨后,可以形成别具一格的视觉效果。

乡村气象旅游资源。乡村气象旅游资源则更多体现了自然和田园风光,如乡村的晨雾、夕阳下的稻田、季节性的花海等。这些资源往往与农业生产紧密相关,能够吸引游客体验乡村生活、欣赏自然风光。

山地气象旅游资源。山地气象旅游资源包括山地特有的天气现象和景观,如山间的云海、山峰上的日照金山、山林中的雾等。山地的垂直气候带分布也使得不同海拔高度的地区拥有不同的气象旅游资源。

海洋气象旅游资源。海洋气象旅游资源涵盖了海洋特有的天气现象和景观,如海上的日出日落、海市蜃楼、台风等。海洋的广阔和变化多端的天气条件为海洋气象旅游资源的开发提供了丰富的素材。

进行地域分类时,应考虑气候、地理和文化等因素,以确保气象旅游资源开发体现地域特色,促进当地经济和文化的可持续发展。

(五)根据气象旅游资源的季节性特征分类

根据气象旅游资源的季节性特征,可以细分为春季气象旅游资源、夏季气象旅游资源、秋季气象旅游资源和冬季气象旅游资源。

春季气象旅游资源。春季的气象旅游资源主要体现在春暖花开、万物复苏的景象中。例如,赏花活动是春季旅游的一大亮点,各地的樱花、桃花、杏花等竞相开放,吸引游客前来观赏。此外,春季的气候适宜户外活动,如踏青、放风筝等,这些活动不仅丰富了旅游体验,也促进了当地经济的发展。

夏季气象旅游资源。夏季的气象旅游资源以清凉避暑和亲水活动为主。例如,避暑山庄、山间溪流、海滨沙滩等成为人们消夏纳凉的好去处。夏季的雷阵雨、雨后彩虹等自然现象也具有很高的观赏价值。同时,夏季的高温天气也催生了各种水上乐园、漂流等旅游项目,为游客提供了丰富的夏日体验。

秋季气象旅游资源。秋季是收获的季节,其气象旅游资源主要体现在秋高气爽、层林尽染的自然景观中。例如,红叶观赏是秋季旅游的热门活动,枫树、银杏等树叶变色,形成美丽的秋景。秋季的气候适宜户外运动,如徒步、登山等,这些活动不仅有助于游客欣赏到秋天的美景,也促进了健康旅游的发展。

冬季气象旅游资源。冬季的气象旅游资源以冰雪景观和冬季运动为主。例如,滑雪、滑冰、观赏冰雕和雪景等,这些活动深受游客喜爱。冬季的寒冷气候也使得温泉旅游成为热门,游客可以在享受温泉的同时体验其与冬季寒冷的对比。此外,冬季的节日庆典,如圣诞节和春节,也为旅游市场带来了新的活力。

第三节 气象旅游资源的价值

一、气象旅游资源的科学价值

提供气象学研究的实地案例。气象旅游资源不仅为游客提供了观赏和体验的机会,同时也为气象学研究提供了丰富的实地案例。通过对特定气象现象的观察和研究,科学家可以更好地理解天气变化的规律,提高气象预测的准确性。

促进气候教育和公众科学普及。气象旅游资源的开发和利用有助于提升公众对气候变化和气象科学的认识。通过参观气象博物馆、参与气象科普活动,游客可以学习到关于天气、气候和环境的知识,增强环境保护意识。

支持跨学科研究和创新。气象旅游资源的多样性为跨学科研究提供了平台,促进了气象学与其他学科,如生态学、地理学、环境科学等的交叉融合。这种跨学科的合作有助于推动科学研究的创新和突破。

二、气象旅游资源的教育价值

增强环境意识和责任感。通过体验气象旅游资源,游客可以直观地感受到自然环境的美丽与脆弱,从而增强保护环境的意识和责任感。这种体验式学习比传统的课堂教育更具有说服力和影响力。

促进青少年科学教育。气象旅游资源为青少年提供了生动的科学教育场所。学校和教育机构可以组织学生到气象公园、气象观测站等地进行实地考察和学习，激发他们对气象科学的兴趣和探索精神。

提供终身学习的机会。气象旅游资源的开发为社会公众提供了终身学习的机会。无论是儿童、青少年还是成年人，都可以通过参与气象旅游活动，不断学习新知识，加深对气象科学的理解。

三、气象旅游资源的经济价值

推动地方经济发展。气象旅游资源的开发可以带动当地旅游业的发展，增加就业机会，促进相关产业链的形成。通过吸引游客，可以提高地方的知名度和吸引力，进而带动餐饮、住宿、交通等服务业的发展。

提供新的旅游产品和服务。气象旅游资源的多样性为旅游产品和服务的创新提供了广阔的空间。旅游企业可以根据气象旅游资源的特点，开发出新的旅游产品，如气象主题的旅游线路、特色体验活动等，满足不同游客的需求。

促进国际旅游交流与合作。气象旅游资源的独特性使其成为国际旅游交流的重要内容。通过举办国际气象旅游节、研讨会等活动，可以促进国际的旅游合作与交流，提升国家和地区的国际形象。

四、气象旅游资源的社会价值

提升社会文化认同感。气象旅游资源往往与当地的历史、文化和传统紧密相连，它们的开发和利用有助于传承和弘扬这些文化元素，增强社会成员对本土文化的认同感和自豪感。

促进社区发展与参与。通过开发气象旅游资源，可以带动当地社区的经济发展，同时鼓励居民参与到旅游服务和管理中来，提高他们的生活水平和参与感。

强化环境保护意识。气象旅游资源的保护和合理利用能够促进公众对环境保护重要性的认识，通过开展旅游活动，可以教育游客和当地居民尊重自然、保护环境。

五、气象旅游资源的美学价值

提供审美体验。气象旅游资源以其独特的自然美吸引着游客，无论是壮观的云海、绚丽的极光，还是变幻莫测的天气现象，都能为人们提供丰富的审美体验。

激发艺术创作灵感。许多艺术家从气象现象中获得灵感，创作出许多与天气和气候相关的艺术作品，如绘画、摄影、文学作品等，丰富了人类的文化艺术宝库。

增强旅游目的地吸引力。气象旅游资源的多样性和独特性是旅游目的地吸引游客的重要因素之一，它们能够提升旅游目的地的知名度和吸引力，成为旅游宣传和推广的重要内容。

六、气象旅游资源的旅游体验价值

提供多样化的旅游体验。气象旅游资源的丰富性为游客提供了多样化的旅游体验,从观光到实践,从科普到疗养,满足不同游客的需求和偏好。

提升旅游服务质量。气象旅游资源的开发促使旅游服务提供者不断创新服务方式,提高服务质量,以满足游客对气象旅游体验的高标准要求。

增强旅游目的地竞争力。通过气象旅游资源的开发和利用,旅游目的地能够形成独特的竞争优势,吸引更多的国内外游客,提升旅游目的地的市场竞争力。

第三章 天气景观资源

第一节 云雾景观资源

云雾景观资源,作为天气景观中的一大瑰宝,以其神秘莫测、变幻无穷的姿态,吸引着无数游客驻足观赏,成为众多旅游目的地不可或缺的亮点。云雾不仅为自然景观增添了朦胧与梦幻的色彩,还往往与山峦、湖泊、森林等自然元素相互映衬,构成了一幅幅动人心魄的画面。

一、云雾景观的成因与特点

云雾的形成主要受到大气中水汽含量、温度、地形地貌及风力等多种因素的影响。当空气中的水汽遇冷凝结成微小水滴或冰晶,并悬浮于空中时,便形成了云雾。云雾景观的特点在于其流动性、变化性和层次性。随着天气条件的变化,云雾的形态、密度和覆盖范围都会发生相应的变化,使得每一次观赏都成为独一无二的体验。

(一)云雾景观的成因

大气中水汽含量的影响。云雾的形成首先需要有足够的水汽,水汽的来源可以是海洋、湖泊、河流等水体的蒸发,或是植物的蒸腾作用。

温度条件的影响。水汽在空气中冷却到露点温度以下时,会凝结成微小的水滴或冰晶,形成云雾。温度的降低可以由夜间辐射冷却、地形阻挡冷空气下沉或空气上升冷却引起。

地形地貌的影响。山脉、丘陵等地形可以阻挡水汽流动,促进云雾的形成。同时,地形的起伏也会导致空气的上升或下沉,进一步影响云雾的分布和形态。

风力作用的影响。风力可以携带水汽,促进云雾的形成。风向和风速的变化会影响云雾的移动和扩散,从而影响云雾景观的持续时间和范围。

(二)云雾景观的特点

云雾景观的流动性。云雾景观随风向和风速变化移动,形成动态视觉效果。云雾景观的流动性令人惊叹,仿佛有生命,随自然的力量在空中飘荡、聚集、消散,展现奇妙形态。无论是薄雾还是云层,都在风中展现变化,带给人们遐想和视觉享受。

云雾景观的变化性。云雾景观随时间、季节和天气变化,呈现出不同的形态和色彩。清晨,阳光透过薄雾,大地被朦胧笼罩;中午,阳光强烈时云雾散去,露出蓝天;傍晚,夕阳将云雾染成金黄色。春雾轻柔,夏雾伴雷雨,秋雾清新,冬雾寒冷洁白。晴天云雾轻盈,阴雨天则显得压抑。云雾的多变性使其成为独特的自然风景。

云雾景观的层次性。云雾景观具有丰富的层次性,从细腻的薄雾到厚重的云层,每个层次都清晰,为自然增添神秘与梦幻。不同形态的云雾,无论是清晨的薄雾还是黄昏的云海,都具有独特魅力,令人陶醉,仿佛置身仙境。

云雾景观的神秘性。云雾常在清晨或黄昏出现,带来神秘感。它像大自然的使者,为山、湖、城市披上轻纱,仿佛仙境。这种景象令人陶醉,激发对未知世界的遐想。云雾变幻莫测,轻如羽、重如棉,似乎在讲述古老故事,令人敬畏。

云雾景观的观赏性。云雾景观为自然增色,激发摄影和绘画创作灵感。其朦胧神秘的美令人陶醉,为大自然带来宁静和谐。山川、湖泊和森林在云雾中更显神秘,吸引着人们。云雾不仅美化了自然,还成为艺术家灵感的源泉,无论是摄影还是绘画,都能激发出无限创意和情感。

云雾景观的环境适应性。云雾能在多种地理环境中形成,包括高山、平原、森林和城市。其形成不仅依赖特定地理条件,还与气候(温度、湿度等)因素有关。云雾为不同环境增添了神秘美丽的氛围,丰富了自然和城市景观。

二、云雾景观的旅游价值与意义

云雾景观的科学教育价值。云雾景观不仅为游客提供了视觉上的享受,还具有重要的科学教育意义。通过观察云雾的形成和变化,游客可以直观地了解大气科学的基本原理,如水循环、气象条件对气候的影响等。此外,云雾景观的形成过程和特点也是环境教育的生动教材,有助于提高公众对气候变化和环境保护的认识。

云雾景观的文化与艺术价值。云雾景观在不同文化和艺术作品中占有特殊地位,常常被赋予浪漫和神秘的象征意义。在文学、绘画、摄影等领域,云雾是激发创作灵感的重要元素,许多艺术家通过云雾景观来表达情感和意境。云雾景观的美学价值不仅丰富了旅游目的地的文化内涵,也为艺术创作提供了丰富的素材。

云雾景观的经济价值。云雾景观作为旅游资源,对促进当地经济发展具有重要作用。它能够吸引游客,增加旅游收入,带动相关产业链的发展,如住宿、餐饮、交通和旅游商品销售等。此外,云雾景观还可以作为特色旅游产品进行市场营销,提升旅游目的地的品牌形象,增强其在国内外旅游市场中的竞争力。

云雾景观的社会价值。云雾景观的保护和合理利用,有助于提升社区居民的生活质量,促进社区的可持续发展。通过发展以云雾景观为核心的旅游活动,可以增加当地居民的就业机会,提高他们的收入水平。同时,云雾景观的保护还能够增强公众对自然环境保护的意识,促进社会和谐与进步。

云雾景观的生态价值。云雾景观的形成与自然环境密切相关,其保护对于维护生态平衡具有重要意义。云雾能够调节气候,增加空气湿度,对维持生物多样性、保护森林和水体等生态系统具有积极作用。因此,云雾景观的保护和合理利用,不仅能够为人类提供美的享受,还能够促进生态系统的健康和稳定。

三、云雾景观资源的分类

(一)云雾景观资源的主要分类

云雾景观资源的分类依据多种标准,包括云雾的形态特征、形成条件、持续时间以及与周围环境的关系等。

形态特征分类。云可分类为层云、积云和卷云等,各有独特的视觉效果。层云平滑均匀,似薄纱覆盖天空;积云蓬松厚重,圆润如棉花糖;卷云轻盈细腻,具梦幻美感。这些云类型丰富视觉体验,增添诗意和想象。

形成条件分类。云雾景观根据形成条件可分为地形云、海雾和城市雾等类型,它们的形成与地理环境和气候条件紧密相关。地形云多出现在山区,由地形抬升作用导致水汽凝结成云;海雾主要在海洋表面形成,暖湿空气遇冷水面凝结成雾;城市雾常见于工业城市,由污染物和水汽结合形成。温度、湿度、风速等气候因素也对云雾的形成有重要影响。

持续时间分类。云雾景观分为短暂和持久两种类型。短暂云雾出现时间短,迅速消散;持久云雾则持续数小时,给人以持久美感。两者都丰富了世界的色彩和变化。

与周围环境的关系分类。云雾景观可根据与环境的关系分为山地、森林、湖泊等类型。山地云雾环绕山峰,森林云雾穿梭树木,湖泊云雾飘荡湖面。这些景观与自然和谐共存,为游客提供独特的视觉体验,让人能够感受到自然的神奇美妙。不同类型的云雾景观,无论是壮丽、幽静,还是柔美,都能让人心灵宁静愉悦。

(二)云雾景观资源的主要类型分析

根据云雾的形态、分布及观赏特点,可以将其大致分为以下几类。

1. 山间云海

高山地区常见云海,由山谷水汽上升形成,覆盖山峦。黄山、庐山云海以其壮观和变幻吸引了众多游客和研究者。其他名山,如峨眉山、泰山,也有独特云海,为研究大气和气候变化提供了重要场所。

云海景观的旅游开发,不仅需要考虑如何保护和维持其自然状态,还要考虑如何合理利用这些资源,以促进当地经济的发展。黄山和庐山等地的云海,已经成为当地旅游品牌的重要组成部分,通过开发观景台、摄影点、登山步道等设施,为游客提供了更加丰富和便捷的观赏体验。同时,通过举办摄影比赛、文化节庆活动等,进一步提升了云海景观的知名度和吸引力。此外,利用现代科技手段,如虚拟现实技术,可以让游客在不受天气和季节限制的情况下,体验到云海的壮丽景象,从而拓宽了云海景观的旅游市场。在开发过程中,还应注重对生态环境的保护,避免过度商业化和游客过多对自然景观造成破坏,确保云海景观的可持续利用。

2. 瀑布云

瀑布云是云雾沿山谷或河流流动时形成的景观,具有强烈的视觉冲击力和动态美感。其形成与特定气候和地形有关,通常在湿润空气上升遇阻后迅速冷却凝结成云,随后因重力作用沿山坡或悬崖下落。这种现象在清晨或雨后常见,因为空气湿度高。瀑布云不仅美观,还有助于研究大气动力学和云雾形成,同时与天气模式相关,对天气预报和气候变化分析有帮助。

在旅游开发方面,瀑布云景观因其独特的自然美和壮观的视觉效果,成为吸引游客的重要资源。许多山区旅游目的地以瀑布云作为其特色景观,吸引摄影爱好者和自然探险者前来观赏和体验。然而,由于瀑布云的形成受多种因素影响,具有一定的不可预测性,因此在旅游规划和管理中需要特别注意保护这一珍贵的自然资源,确保其可持续利用。

3. 平流雾

平流雾主要在近地面层形成,由地面辐射冷却或暖湿空气流经冷地面引起。它覆盖地面或水面,形成条件与夜间或清晨地面迅速冷却有关,当水汽凝结成微小水滴时,雾就产生了。平流雾的厚度和持续时间不一,有时会持续数小时甚至一整天。它通常与天气系统变化相关,如冷空气入侵或暖湿气流移动,可能影响交通,尤其是航空和海上运输,因此天气预报对于预防事故很重要。平流雾不仅美丽,还具有科学价值,可作为研究大气稳定性和边界层过程的自然实验室。研究其形成和消散有助于理解大气水循环和能量交换,提高天气预报准确性。

在旅游方面,平流雾景观同样具有吸引力,尤其是在那些平流雾出现频率较高的地区。例如,在一些沿海城市和山区,由于地形和气候条件的特殊性,平流雾成为当地独特的自然景观。这些地区可以开发以平流雾为主题的旅游项目,吸引游客前来体验和欣赏这一自然奇观。然而,与瀑布云类似,平流雾的形成也具有一定的不可预测性,因此在旅游规划和管理中,同样需要采取措施保护这一珍贵的自然资源,确保其可持续利用。

4. 日出/日落云海

日出或日落时分,金色阳光穿透云层,照亮山川湖海,形成壮丽的云海景观。这种光线、色彩与云雾的结合,会激发人们的遐想。云海的出现与特定气候和地理位置相关,如山谷冷暖空气相遇或海面水汽受阳光照射。黄山、峨眉山、泰山等旅游景点的日出/日落云海吸引了众多游客。为更好地欣赏这一自然奇观,景区设有观景台和摄影点,让游客近距离体验。

观赏日出和日落云海不仅能够带来视觉震撼,还富含文化意义和旅游价值。许多文化视这些时刻为自然界的重要象征,与人们的精神和情感紧密相关。旅游开发者可设计特色项目,如晨间瑜伽和日落晚宴,满足游客对精神放松和情感体验的需求。此外,日出/日落云海对摄影和艺术创作具有启发性,可举办摄影比赛或艺术展览,吸引摄影爱好者和艺术家,提升景点知名度。为保护这一资源,管理部门需制定保护措施和可持续策略,如限制游客数量和设置环保设施,确保景观长期存在,为未来游客提供良好体验。

5. 波涛云浪

云雾景观在特定天气条件下形成壮观的波浪状云海,常见于沿海地区和高原地带。早晨或傍晚,太阳光线与云层相互作用,以及高原地形抬升和风力作用,都会产生这种效果。山区的山谷风在清晨或日落时分也会形成波涛云浪。这种自然现象不仅为摄影和艺术创作提供素材,还成为旅游景点的独特景观,吸引游客观赏。

壮观的波涛云浪不仅会带来视觉震撼,还能激发探索欲和对自然的敬畏。旅游开发可结合海洋文化设计项目,如海上日出观赏和海风瑜伽,让游客体验自然美景和海洋文化。波涛云浪的动态美也适合摄影和艺术创作,通过摄影比赛和艺术展览提升景点知名度。旅游管理部门应制定措施保护这一资源,限制游客数量和规定观景时间,确保其长期存在和可持续利用。

6. 云幔

云幔是一种在高海拔地区出现的云雾现象,形成覆盖山峰或高原的帷幕状视觉效果。它通常带来宁静神秘的氛围,并在特定光照下展现色彩变化。云幔的形成与湿润空气遇冷凝结有关,常见于温度变化显著的清晨或傍晚,持续时间不定。此外,云幔也被视作天气变化的自然指标,尽管其天气预报的准确性有限,但反映了人们对自然的观察。

云幔常见于高海拔地区,如喜马拉雅山脉、安第斯山脉和落基山脉。它不仅美化了自然景观,还成了旅游热点。旅游部门可以开发以云幔为主题的旅游项目,如云海漫步和观云摄影,同时普及云幔的科学知识,增加教育价值。云幔可作为特色景观吸引游客,通过设置观景台和结合当地文化开发相关旅游产品,如摄影比赛或者作为纪念品,以丰富旅游体验。保护云幔同样关键,这需要旅游管理部门制定保护措施,限制活动,以避免破坏,并加强教育,以提高公众保护意识,确保资源可持续利用。

7. 云絮

云絮是轻盈细腻的云朵,由水滴或冰晶构成,形态多变。它常预示天气变化,为蓝天增添趣味。夕阳时分,云絮色彩绚丽,成为动人画卷。云絮不仅美丽,还能激发情感和想象,吸引摄影师和艺术家创作。云絮也是游客拍照留念的对象,成为美好记忆的一部分。云絮的形成与大气环流和气候变化密切相关,是气象学家研究的重要对象,有助于理解天气系统和气候变化。

云絮因其多变的形态和丰富的色彩,成为摄影和艺术创作的理想素材,吸引着众多爱好者和艺术家。同时,云絮的观赏价值使其成为旅游推广的亮点,可设计以云絮为主题的旅游活动,如云海漫步和摄影大赛,以提升旅游地的吸引力和竞争力。云絮的出现伴随着天气变化,为游客提供独特的自然体验,增加旅游活动的趣味性和教育意义。因此,云絮作为气象旅游资源进行开发和利用,对促进地方旅游业发展具有重要作用。

8. 云盖

云盖是厚重云层遮蔽天空的视觉效果,常见于阴雨天或天气变化时。它使光线柔和,天空呈灰白色,有时阳光透过云层形成光柱。云盖常伴随降水,为自然界带来滋润,尤其在山谷或盆地中效果显著。云盖的形成与水汽、温度和风力有关,地形抬升作用也促进其形成。云盖的观赏价值在于其氛围和光影的变化,为摄影师和自然爱好者提供了丰富素材,无论清晨或午后,都以独特方式展现着大自然的故事。

云盖因其宁静神秘的氛围,成为有潜力的旅游景点。可以开发以云盖为主题的自然观察之旅,吸引游客体验其宁静与美丽。云盖的光影变化为摄影爱好者提供了拍摄机会,可举办摄影比赛或展览。在社交媒体和旅游推广活动中,云盖可作为宣传亮点,提升旅游目的地的知名度。云盖的开发和利用有助于丰富旅游产品,增强旅游目的地的竞争力,促进地方旅游业的发展。

9. 云蔽山

云蔽山是壮观的云雾景观,尤其在雨季或清晨,云层包裹山峰,形成云海。这种景象让山峦轮廓变得柔和,仿佛一幅水墨画。阳光偶尔穿透云层,增添神圣感。登山者在云雾中体验如仙境般的旅程,感受大自然的鬼斧神工。云蔽山还带来了丰富的生态体验,植被茂盛、野生动物活跃。游客在欣赏美景的同时,能近距离感受自然界的和谐。云蔽山以其独特魅力和内涵,吸引游客前来,让人在心灵上得到洗礼和升华。

云蔽山拥有巨大的旅游开发潜力,可推出山地徒步、摄影探险和自然观察等旅游产品,让游客体验不同季节和天气下的山景。例如,组织云海徒步和观星活动,让游客感受大自然的宁静与神秘。通过宣传册、视频和社交媒体,展示云蔽山的美景和独特体验,吸引游客。与当地旅游机构合作,提供包含住宿、餐饮和导游服务的旅游套餐。这些活动将提升云蔽山的知名度,促进当地经济发展、社区参与和环境保护。合理开发云蔽山,有助于实现旅游可持续发展,为游客提供难忘体验,同时还可以保护这一自然奇观。

10. 旗云

旗云是高山顶峰常见的一种云形,因形似旗帜而得名。其形成与山峰阻挡气流有关,通常预示强风和可能的天气变化。旗云形态多样,在阳光下纹理分明,尤其在黎明或黄昏时分显得格外壮丽。对登山者和摄影师而言,旗云是高山探险的美景,其增添了山峰的神秘感与动感,象征自然力量,提醒人们敬畏自然。

在旅游开发方面,旗云的独特景观可以成为吸引游客的亮点。可以开发以旗云为主题的旅游项目,如高山探险和摄影活动,让游客在特定的时间段,如清晨或黄昏,体验和拍摄旗云的壮观景象。此外,旗云的出现往往与天气变化相关,因此,可以结合气象知识教育,为游客提供具有科学与教育价值的旅游体验。通过这些活动,旗云不仅能够成为旅游目的地的特色景观,还能促进当地旅游业的发展,同时提高公众对气象知识的认识和兴趣。

11. 彩云

彩云是在日出或日落时分,太阳光线与云层中的水滴或冰晶相互作用形成的多彩云朵。它的色彩从粉红、金黄到紫罗兰,丰富多样,为天空绘制出动人心魄的画卷。彩云的出现与特定的气象条件有关,如大气湿度、云层高度和厚度。在乡村或高山上,彩云的壮丽景象尤为难忘。摄影爱好者和自然观察者将彩云视为珍贵的拍摄和观赏对象,它不仅能够提供视觉享受,也能带来心灵慰藉。彩云的存在提醒我们,即使在平凡的日子里,天空中也充满了奇迹,让我们的心灵得以净化,生活变得节奏缓慢而从容。

彩云作为气象旅游资源,具有巨大的开发潜力。结合自然景观和文化活动,可创建特色旅游产品。例如,在彩云多发区建观景台、举办摄影和绘画活动,吸引游客。利用VR技术,提供虚拟观赏体验,扩大市场。与气象部门合作,提供预报服务,为游客规划行程提供便利。同时,科学管理彩云观赏区、限制游客数量、减少环境干扰,并提高公众保护意识,以确保彩云资源可持续利用。

12. 雨幡

雨幡是降水过程中水滴蒸发形成的云状结构。它形态多样,有时呈现彩虹色,对气象学家而言是研究降水和云物理的重要线索。雨幡的形成与特定气象条件相关,其通常出现在锋面区域或水汽饱和时。它为气象学家提供云层高度和降水强度的线索,有助于预测天气变化。雨幡也吸引着摄影爱好者和自然观察者,因其具有独特的视觉效果。

在气象旅游资源的开发中,雨幡可以作为一种独特的气象景观资源被利用。通过组织雨幡观测活动或摄影比赛,可以吸引游客和摄影爱好者前来体验和欣赏这一自然现象,从而丰富旅游活动的内容,提升旅游目的地的吸引力。同时,通过科普教育活动,向公众普及雨幡的形成原理和气象知识,可以提高公众对气象旅游资源保护的意识,促进可持续旅游的发展。

13. 雪幡

雪幡是雪花在空中融化时形成的云状结构,常见于较温暖的冬季或春季。它通常预示着降雪即将结束或强度减弱。雪幡形态柔和,有时像羽毛或薄纱,在阳光下可能呈现银白色光泽,为冬日的天空增添宁静美丽。对冬季运动爱好者而言,雪幡是天气好转的信号。雪幡的观赏价值在于其形态、色彩变化以及在不同光照条件下的外观。它的形成和存在时间短暂,增加了观赏和研究的价值。在气象学中,雪幡可作为大气层结构变化的指示器,帮助科学家了解大气物理过程。

在旅游开发方面,雪幡可以作为一种独特的自然景观资源被利用。通过组织雪幡观测活动或摄影比赛,可以吸引游客和摄影爱好者前来体验和欣赏这一自然现象,从而丰富旅游活动的内容,提升旅游目的地的吸引力。同时,通过科普教育活动,向公众普及雪幡的形成原理和气象知识,可以提高公众对气象旅游资源保护的意识,促进可持续旅游的发展。

14. 朝霞

朝霞是日出前后天空中红色或橙色的云彩,通常出现在东方,预示着晴朗的早晨。其色彩由大气中的水汽和尘埃影响形成,太阳光线穿过这些微粒时,短波长的蓝光散射,长波长的红光折射或反射,构成朝霞。朝霞色彩丰富,从粉红色到金黄色,为清晨的天空增添美丽。对早起者而言,朝霞象征着新的一天的开始,充满希望与机遇。它不仅为摄影爱好者提供美景,还在气象学中指示天气变化,朝霞后若天空阴沉,可能预示天气变坏。在某些文化中,朝霞象征着希望、新开始和积极变化。

朝霞作为旅游资源,能吸引游客观赏和摄影,通过相关活动提升旅游吸引力和游客体验。向公众科普关于朝霞形成的气象知识,可增强其保护意识,推动可持续旅游发展。朝霞不仅美化视觉,还能激发情感和思考,提供精神慰藉。因此,朝霞在科学、教育、文化和旅游等领域均具有深远价值。

15. 晚霞

晚霞是日落时分天空中出现的红、橙色云彩,通常预示着晴朗的夜晚。其与朝霞相似,由太阳光线穿过大气中的水汽和尘埃,长波长的红光折射或反射形成。晚霞色彩比朝霞更绚丽,从粉红色到紫罗兰,为黄昏的天空绘制美丽画卷。对人们而言,晚霞是美好结束的象征,提醒他们享受生活。晚霞不仅美丽,还富含文化意义和情感价值,被视为神圣时刻,象征着日与夜交替,在艺术中表达情感转变,在宗教和哲学中引发冥想和反思。

晚霞在旅游开发中具有多重价值,不仅能吸引游客参与观赏活动和摄影比赛,提升旅游体验,还能激发情感和思考,提供精神慰藉。其观赏价值超越了视觉美感,涉及科学、教育、文化和旅游等领域。晚霞可作为学习大气光学现象的途径,普及气象知识,提高公众对气象旅游资源保护的意识,推动可持续旅游发展。因此,晚霞作为气象旅游资源,其深远的影响远超短暂的美丽。

16. 雾霞

雾霞是在雾重的早晨或傍晚天空中出现的朦胧云彩,其由水汽凝结成的微小水滴折射光线形成。它色彩柔和,有时呈现彩虹色,为天空增添神秘的美丽。雾霞不仅美丽,还能激发情感和思考,被视为吉祥的象征,预示着希望和新开始。在气象学中,雾霞也具有研究价值。

雾霞在特定地理和气候条件下形成,常见于山区或沿海地区。这些地方的雾霞不仅美丽,还吸引游客。通过气象设施,人们能近距离观察雾霞,科研人员也能收集数据进行研究。雾霞观赏活动也用于提升旅游目的地的知名度和吸引游客。

17. 流霞

流霞是指在天空中呈现出流动状的云彩，它们通常在风力较大的天气条件下出现。流霞的形态各异，有时像一条长长的飘带，有时则像一团团蓬松的棉花。流霞的形成与大气中的气流运动密切相关，当风力较大时，云层会被拉长或撕裂，形成流动状的云彩。

流霞色彩丰富，从粉红色到金黄色，为天空绘制了美丽画卷。它不仅是美景，也提醒人们自然的力量，以及对自然的敬畏。流霞的多样性不仅在于其形态和色彩，还在于其能够激发人们对气象学的兴趣。它与特定天气系统相关，为研究大气运动提供窗口。流霞的出现与季节和地理位置有关，尤其在山区或沿海地区更为常见，并成为当地独特的气象景观。

流霞作为自然奇观，能吸引游客，提升旅游地知名度和收入。结合流霞观赏与环保教育，可增强公众的气候变化和环保意识。流霞的出现受季节、位置、大气等因素影响，需分析长期气象数据和实地考察来了解其形成和变化。这些研究有助于开发气象旅游资源，并提升公众对其价值的认识。

四、云雾景观资源的空间分布

云雾景观资源在我国各地广泛分布，但其空间分布具有明显的地域特征。总体来看，云雾景观资源主要集中在山区和高原地带，尤其是那些海拔较高、地形复杂、气候多变的地区。

西南山区。西南地区的云雾景观资源尤为丰富，尤其是四川、云南和贵州等地。四川的峨眉山、九寨沟，云南的玉龙雪山、香格里拉，贵州的梵净山等都是著名的云雾景观胜地。这些地区的云雾多在清晨或雨后出现，缭绕山间、变幻莫测，为游客带来如梦如幻的视觉享受。

华东丘陵。华东地区的云雾景观也颇具特色，尤其是安徽的黄山、江西的庐山等地。黄山的云海闻名遐迩，庐山的云雾更是变幻无穷。这些地区的云雾多在清晨或傍晚形成，常常笼罩在山峦之间，宛如仙境。

华南山区。华南地区的云雾景观主要集中在广东、广西等地的山区。广东的鼎湖山、广西的猫儿山等都是观赏云雾的好去处。这些地区的云雾多在夏季雨后出现，常常弥漫在山谷之间，形成一幅幅美丽的画卷。

青藏高原。青藏高原的云雾景观别具一格，尤其是西藏的珠穆朗玛峰、纳木错等地。这些地区的云雾多在清晨或傍晚形成，常常环绕在雪山之巅，形成一种神秘而壮丽的景象。

东北山区。东北地区的云雾景观主要集中在长白山、大兴安岭等地。长白山的天池云雾、大兴安岭的林海雪原云雾等都是极具特色的景观。这些地区的云雾多在冬季或早春出现,常常弥漫在山林之间,形成一片片白色的海洋。

第二节 雨露景观资源

一、雨露景观资源的成因与特点

(一)雨露景观资源的成因

雨露景观资源的形成主要依赖于特定的气候条件和地形地貌。降雨通常是空气中的水汽凝结,形成细小的水滴,这些水滴在植物叶片、花朵或其他物体表面凝结成露珠。露水的形成则与夜间地面辐射冷却有关,当气温下降到露点以下时,空气中的水汽会在地表或物体表面凝结成露珠。

雨露景观资源的形成与季节变化紧密相关,尤其在春末夏初和秋季,由于昼夜温差较大,露水的形成更为频繁。

地形地貌对雨露景观资源的形成也有显著影响,例如,山谷和盆地由于夜间冷空气的聚集,更容易形成露水。

植被覆盖度高的地区,如森林和草地,由于植物表面的冷却作用,露水的形成也更为常见。

人类活动,如城市化和工业发展,可能通过改变局部气候条件和地形地貌,间接影响雨露景观资源的形成。

雨露景观资源的形成还受到大气环流的影响,特定的气流模式可以带来湿润的空气,促进露水的形成。

(二)雨露景观资源的特点

短暂性。雨露景观是短暂的自然现象,常见于清晨或雨后,由露水和水珠在植物等表面形成。阳光和风会加快露的蒸发,因此,要欣赏这种美景,需在合适的时间和地点捕捉那些瞬间。

纤细美。露珠如珍珠般晶莹,赋予雨后景观纤细美。清晨的阳光下,它闪烁微光,宛如大自然的细腻之作。露珠在绿叶和花瓣上摇曳,为大地披上银纱,令人陶醉。这美景让人感受到大自然的温柔,为忙碌生活带来宁静与美好。

生态多样性。雨露景观的形成受植物、地形和气候等因素影响,反映了生态系统的多样性。植物种类和生长状况决定雨露的分布和形态,如在树木上可形成雨珠,灌木和草地上则形成露珠。地形地貌,如山地、平原、丘陵,会影响雨露的分布;气候带,如热带、温带、寒带,则会影响雨露的形成和消散速度。

视觉冲击力。雨露景观在特定光照下产生视觉冲击,如阳光透过露珠形成彩虹。清晨,露珠在草叶和花瓣上闪烁,阳光折射后形成彩虹。雨后,天空出现彩虹,如同拱桥横跨天际。这些景象美丽且神秘,展示了大自然的神奇力量。它们让我们感受到大自然的奇妙美好,并提醒我们珍惜和保护自然环境。

二、雨露景观资源的观赏价值与意义

雨露景观不仅具有极高的观赏价值,还具有重要的生态和文化意义。观赏雨露景观可以让人们感受到大自然的神奇和美丽,从而唤起人们对自然环境的热爱和保护意识。此外,雨露景观还具有以下意义。

促进环境教育和生态旅游的发展。雨露景观是自然的重要组成部分,它不仅展示了自然的神奇,还能作为环境教育的素材。观察雨露的形成有助于公众理解自然规律,增强生态保护意识。雨露不仅是美丽的风景,也是提醒人们关注生态和珍惜资源的信号。它还能吸引游客参与生态旅游,体验自然之美,培养环保责任感。生态旅游是促进人与自然和谐的方式。因此,雨露景观为环境教育和生态旅游发展提供了机会,有助于保护环境和推动旅游业的可持续发展,让更多人享受自然并对环境保护做出贡献。

丰富旅游产品和提升旅游目的地形象。雨露景观的独特魅力和独特性,可以成为旅游产品开发中的一个亮点,为旅游目的地增添新的吸引力和独特卖点。充分利用和展示雨露景观的独特性,可以有效地提升旅游目的地在旅游市场中的竞争力和吸引力。这不仅能够吸引更多的游客前来参观和体验,还能够提升游客的满意度和忠诚度,从而为旅游目的地带来更大的经济效益和社会效益。因此,雨露景观的独特性在旅游产品开发中具有重要的价值和意义,值得深入挖掘和利用。

激发艺术创作灵感。雨露景观以其独特的美丽和多样性,为艺术家提供了无尽的创作灵感和素材。无论是通过镜头捕捉的摄影艺术,还是通过画笔描绘的绘画作品,抑或是通过文字表达的文学创作,艺术家都能从雨露景观中汲取灵感,创作出各种反映自然之美的作品。雨露的晶莹剔透、植物的生机勃勃、大地的色彩斑斓,都在艺术家的笔下和镜头中得到了生动的再现。这些作品不仅展示了自然的美丽,也传递了艺术家对自然的热爱和敬畏之情。

增强社区的凝聚力和文化认同感。雨露景观是社区居民共享的自然财富,在美化环境的同时,还能够促进居民间的联系和合作。共同参与保护工作,不仅能提升环境质量,还能增强对本土文化的认同。通过环保活动,如清洁、植树、教育等,居民能培养环保意识,同时获得成就感和归属感。此外,雨露景观的保护可融入文化活动,如摄影、绘画、观察等,丰富社区文化生活,增强对本土文化的热爱和自豪。这些活动有助于社区和谐发展,使雨露景观成为连接居民心灵的纽带。

提供科学研究的新视角。雨露景观的形成机制及其所带来的生态效应,为气象学和生态学等多个学科领域提供了全新的研究视角和探索方向。这种独特的自然现象不仅丰富了人们对自然界的认识,还为科学家提供了宝贵的实证材料,从而有助于推动相关学科的进一步发展和创新进程。通过对雨露景观的深入研究,可以更好地理解大气与生态系统之间的复杂互动关系,进而为环境保护和生态平衡的维护提供科学依据和实践指导。

三、雨露景观资源的分类

(一)雨露景观资源的主要分类

按照雨露景观的形成环境分类。雨露景观可按形成环境分为自然和人工两大类。自然雨露是自然气候和地理条件作用的结果,常与自然景观,如山川、森林、湖泊相伴,展现自然之美。人工雨露则是在人类设计和建造的环境中形成,如城市公园、人工湖、喷泉等,旨在模拟自然效果,让人们享受自然。两者都为环境增添美感,为人们带来愉悦感。

按照雨露景观的持续时间分类。雨露景观按持续时间分为短暂和持久两种类型。短暂雨露持续时间短,转瞬即逝,给人短暂的视觉享受和清凉感。持久雨露则能持续数小时至数天,给人提供持久的自然美景和宁静氛围。这种分类有助于深入理解和欣赏雨露带来的不同景观效果,体验大自然的魅力。

按照雨露景观的视觉效果分类。雨露景观可分三类:晶莹剔透型、珠帘挂壁型和露珠点点型。晶莹剔透型展现透明闪烁效果,珠帘挂壁型形成如珠帘般的水珠,而露珠点点型则在物体表面形成无数细小水珠。这三种类型各有特色,共同构成自然美景。

按照雨露景观的生态价值分类。雨露景观分为生态保育型和生态观赏型两大类。生态保育型着重保护自然环境和生物多样性,维护生态系统稳定,位于生态敏感区,如湿地、森林。生态观赏型则展示自然美景,满足审美需求,提供休闲娱乐场所,增强生态保护意识。两者都对人与自然和谐共生具有重要价值。

(二)雨露景观资源的主要类型分析

1. 夜雨

夜雨是指在夜晚降临的细雨,它带着一种宁静而神秘的气息。夜幕降临,城市的喧嚣逐渐平息,细雨如丝般轻柔地洒落,敲打着窗户,发出细微的声响。夜雨常常带来一种清凉与宁静,仿佛洗涤了白日的尘埃,让心灵得以放松。在某些时刻,夜雨还伴随着闪电和雷声,为这宁静的夜晚增添了几分戏剧性。

从旅游开发看,夜雨景观具有独特的魅力,能够吸引游客在特定的季节和时间前往体验。旅游开发者可以利用夜雨的特性,设计夜间雨景游览项目,如夜雨中的漫步、夜雨观景台等,为游客提供别样的感官体验。此外,夜雨的场景也可以作为艺术创作的灵感来源,如摄影、绘画和文学创作等,从而丰富旅游产品的文化内涵。在保护自然环境的前提下,合理开发夜雨景观资源,不仅能够提升旅游目的地的吸引力,还能促进当地经济的发展。

2. 烟雨

烟雨是指那些轻柔如烟的细雨,常常出现在春天或初夏的清晨。这种雨并不猛烈,而是如雾如纱,笼罩着大地,使得远处的山峦、树木和建筑都变得朦胧而梦幻。烟雨中的景色宛如一幅淡雅的水墨画,令人陶醉。行走在烟雨中,空气中弥漫着泥土和植物的清新气息,仿佛整个世界都被温柔地包裹在一层薄薄的水汽之中。

从旅游开发看,烟雨景观为旅游目的地增添了一种独特的浪漫氛围,特别适合开发与文化、艺术相关的旅游产品。例如,可以组织以烟雨为主题的摄影比赛或绘画工作坊,邀请游客和艺术家在这样的天气条件下创作,捕捉烟雨中的美景。此外,烟雨天气也适合开展户外茶会、诗歌朗诵会等活动,让游客在享受自然美景的同时,体验传统文化的魅力。在旅游宣传和市场营销方面,可以将烟雨作为特色景观进行推广,吸引那些寻求独特体验的游客。通过这些活动,不仅能够丰富旅游产品的多样性,还能提升旅游目的地的文化品位和吸引力。

3. 雨霁

雨霁是指雨过天晴的时刻,天空中的乌云逐渐散去,露出一抹湛蓝的景象。雨后的空气格外清新,阳光透过稀疏的云层洒落下来,形成一道道美丽的光束。雨霁之时,大地焕然一新,绿叶和花朵上挂着晶莹的雨珠,闪烁着耀眼的光芒。此时的景色宛如经过洗礼,焕发出更加生动和鲜活的气息。雨霁的景观不仅为自然环境带来了视觉上的享受,也为人们提供了心灵上的慰藉。雨后,空气清新、阳光明媚,常常让人感到心情愉悦,是进行户外活动的理想时刻。

在旅游产品开发方面,雨霁时刻可以设计为一系列的户外探险活动,如徒步旅行、山地骑行等,让游客在享受大自然恩赐的同时,体验运动带来的乐趣。此外,雨霁后的自然景观也适合开展摄影和观察活动,吸引摄影爱好者和自然观察者前来捕捉雨后初晴的美丽瞬间。

在市场营销方面,雨霁时刻可以作为旅游目的地的特色之一进行宣传,尤其适合那些寻求宁静和自然美景的游客。通过社交媒体和旅游推广活动,可以将雨霁后的美丽景色作为吸引点,打造独特的旅游品牌。同时,结合雨霁时刻的特殊氛围,可以开发一系列的旅游纪念品和特色商品,如雨霁主题的明信片、艺术画册等,进一步丰富旅游体验,提升旅游目的地的吸引力和竞争力。

4. 露

露是指夜晚或清晨时分,空气中的水汽在地面或植物叶片上凝结成的水珠。露水通常在天气晴朗、空气湿润的条件下形成,它如同大自然的珍珠,点缀在草丛、花瓣和叶片上。清晨时分,阳光透过露珠,折射出五彩斑斓的光芒,形成一幅美丽的画卷。露不仅为植物提供了水分,还象征着纯净和清新。露的出现,常常给人一种宁静和纯净的感觉。

在旅游体验方面,露水是一种独特的自然现象,吸引游客进行早晨的自然观察活动。例如,可以组织露水观察之旅,让游客在清晨时分漫步于自然之中,观察露水如何在花朵、叶片和草地上形成,以及它如何在阳光下闪耀。此外,露水也是摄影爱好者捕捉自然美态的绝佳机会,可以举办露水摄影比赛,鼓励游客记录下露水的美丽瞬间。

露水的旅游价值还体现在其对生态旅游的促进作用上。露水的形成与当地的气候条件和生态环境密切相关,因此,露水观察活动可以作为生态旅游的一部分,帮助游客了解和欣赏自然环境的微妙平衡。通过这样的活动,游客可以更加亲近自然,增强环保意识。

在市场营销方面,露水可以作为旅游目的地的特色之一进行宣传。通过宣传露水的美丽和它所代表的纯净自然,可以吸引那些寻求宁静和自然体验的游客。露水主题的旅游纪念品,如露水图案的明信片、艺术画册等,可以作为旅游商品销售,以增加旅游目的地的特色和吸引力。通过这些活动和宣传,露水不仅能够丰富旅游产品的多样性,还能提升旅游目的地的文化品位和吸引力。

5. 太阳雨

太阳雨是指在阳光明媚的天气里突然降临的阵雨。这种现象常常让人感到意外和惊喜,阳光和雨滴同时出现在天空中,形成一道独特的风景线。太阳雨来得快、去得也快,仿佛是天空在和大地开玩笑。在太阳雨中行走,人们可以感受到阳光的温暖和雨滴的清凉,仿佛置身于一个神奇的世界。

太阳雨的形成与特定的气象条件有关,通常发生在大气层不稳定、云层较薄且太阳辐射强烈的情况下。这种天气现象不仅为人们带来视觉上的享受,还具有一定的科学意义。例如,太阳雨的出现可以作为大气层中水汽分布和运动的指示,对于气象学研究具有参考价值。

在旅游体验方面,太阳雨作为一种独特的自然现象,吸引着游客进行户外探险和体验。例如,可以设计太阳雨探险之旅,让游客在雨中漫步,体验阳光与雨滴共存的奇妙感受。此外,太阳雨也是摄影爱好者捕捉自然奇观的绝佳机会,可以举办太阳雨摄影比赛,鼓励游客记录下这一瞬间的美丽。

太阳雨的旅游价值还体现在其对户外活动的促进作用上。太阳雨的出现往往短暂而突然,为户外活动增添了不确定性和趣味性。通过组织太阳雨主题的户外活动,可以吸引那些寻求新鲜体验和冒险的游客。同时,太阳雨现象也可以作为科普教育的一部分,帮助游客了解气象知识和自然现象。

在市场营销方面,太阳雨可以作为旅游目的地的特色之一进行宣传。通过宣传太阳雨的独特性和它所代表的自然奇观,可以吸引那些寻求新奇体验和自然美景的游客。太阳雨主题的旅游纪念品,如太阳雨图案的明信片、艺术画册等,可以作为旅游商品销售,以增加旅游目的地的特色和吸引力。通过这些活动和宣传,太阳雨不仅能够丰富旅游产品的多样性,还能提升旅游目的地的文化品位和吸引力。

四、雨露景观资源的空间分布

西南山区的雨露景观。西南山区的雨露景观以其独特的自然环境和丰富的生物多样性而著称。该地区多雨湿润、山峦叠嶂,雨露景观资源丰富,如四川的九寨沟、云南的香格里拉等,都是著名的雨露景观旅游胜地。这些地方的雨露景观不仅具有很高的观赏价值,而且对于研究气候变化和生物多样性保护具有重要意义。

华东丘陵的雨露景观。华东丘陵的雨露景观以湿地和沼泽为主,这些地区水网密布,雨露景观与人文景观相互交融,形成了独特的江南水乡风光。如浙江的西溪湿地、江苏的周庄古镇等,都是游客体验雨露景观的好去处。

华南山区的雨露景观。华南山区的雨露景观以热带雨林和季雨林为主,雨露景观与热带植物的繁茂生长相结合,形成了生机勃勃的自然景象。如广东的鼎湖山、广西的十万大山等,雨露景观资源丰富,是研究热带雨林生态系统的重要基地。

青藏高原的雨露景观。青藏高原的雨露景观以高海拔地区的特殊气候条件为背景,形成了独特的高原雨露景观。如西藏的纳木错、青海的青海湖等,这些地方的雨露景观不仅具有很高的观赏性,而且对于研究高原气候和生态平衡具有重要价值。

东北山区的雨露景观。东北山区的雨露景观以四季分明和森林覆盖率高为特点,雨露景观与丰富的森林资源相结合,形成了独特的自然风光。如长白山、大兴安岭等地区,雨露景观资源丰富,是体验东北自然美景和森林生态的理想之地。

第三节 冰雪景观资源

一、冰雪景观资源的成因与特点

(一)冰雪景观资源的成因

低温条件的影响。在低温条件下,水汽会经历凝结和冻结的过程,这一系列的自然现象是形成美丽冰雪景观的基础。当气温下降到冰点以下时,空气中的水蒸气会逐渐凝结成微小的水滴,这些水滴在寒冷的环境中进一步冷却,最终会冻结成细小的冰晶。这些冰晶在自然界中不断积累和重叠,最终形成了各种各样的冰雪景观,如晶莹剔透的冰挂、洁白无瑕的雪景以及形态各异的冰雕等。这些景观不仅为寒冷地区增添了独特的魅力,也为人们提供了冬季旅游和娱乐的好去处。

地形因素的影响。地形因素在自然景观的形成中起着至关重要的作用。例如,在高山和极地等特定地区,由于海拔高度较高或所处的纬度较高,气温通常会相对较低。这种低温环境为冰雪的形成和积累提供了理想的条件。因此,在这些地区,常常可以看到壮观的冰雪景观,如雪山、冰川、极地冰盖等。这些景观不仅为当地生态系统提供了独特的栖息地,也吸引了无数游客前来观赏和体验。

季节性气候变化的影响。季节性气候变化是一个自然现象,随着温度的逐渐下降,空气中的水汽含量减小,而地面和物体表面的温度也随之降低。当这些表面的温度降至冰点以下时,空气中的水汽就会在这些表面上凝结成冰。这种现象在冬季尤为常见,尤其是在高纬度地区,该条件下温度通常会降至更低的水平。这种冰的形成不仅改变了地面和物体表面的外观,还可能对交通、建筑等日常生活产生一定的影响。

气候异常的影响。在某些特定的气候条件下,异常的气候事件,例如突如其来的寒潮,有时会在通常不会出现冰雪的地区创造出短暂而独特的冰雪景观。这种现象虽然罕见,但确实会发生,给那些非典型地区带来一丝冬季的韵味。

(二)冰雪景观资源的特点

独特的视觉效果。冰雪景观以其晶莹剔透、洁白无瑕的特性,为人们提供了独特的视觉享受。在阳光的照射下,冰雪会呈现出各种色彩,如冰挂上的冰滴在阳光下闪耀着彩虹般的光芒,雪地上的雪景则反射出耀眼的白光,这些都极大地丰富了人们的视觉体验。

短暂性和季节性。冰雪景观的形成往往与特定的季节和气候条件紧密相关,它的存在具有一定的时效性。随着季节的更迭,冰雪景观会逐渐融化消失,这种短暂性使得冰雪景观成为一种珍贵的旅游资源,吸引着人们在特定的季节里前来观赏。

生态环境的指示作用。冰雪景观的形成和消融与当地的气候条件和生态环境密切相关。它的存在可以作为气候变化和环境健康状况的指示器,对于研究和保护生态环境具有重要的科学价值。

旅游活动的多样性。冰雪景观为开展各种旅游活动提供了条件,如滑雪、滑冰、雪橇、冰雕艺术节等。这些活动不仅丰富了旅游产品,也促进了当地经济的发展,为游客提供了难忘的旅游体验。

文化和艺术的融合。冰雪景观常常与当地的文化和艺术相结合,成为一种独特的文化符号。在一些地区,冰雪节庆活动和冰雪艺术展览成为当地文化的重要组成部分,吸引了大量国内外游客前来参与和欣赏。

二、冰雪景观资源的观赏价值与意义

冰雪景观不仅为寒冷地区增添了独特的自然美景,也为人们提供了冬季旅游和娱乐的好去处。它的观赏价值主要体现在以下几个方面:

冰雪景观的科学教育价值。冰雪景观的形成过程和特点能够激发人们对自然现象的好奇心,成为科学教育的生动教材。通过观赏和体验冰雪景观,游客可以直观地了解水的三相变化、气候条件对自然景观的影响等科学知识。

冰雪景观的文化与艺术价值。冰雪景观常常与当地的文化和艺术相结合,成为一种独特的文化符号。在一些地区,冰雪节庆活动和冰雪艺术展览成为当地文化的重要组成部分,吸引了大量国内外游客前来参观和欣赏。

冰雪景观的经济价值。冰雪景观的观赏和体验活动为当地经济的发展提供了新的动力。通过举办冰雪节、冰雪艺术展览等活动,可以吸引游客消费,带动旅游、餐饮、住宿等相关产业的发展。

冰雪景观的社会价值。冰雪景观的开发和利用有助于提升社会文化认同感,促进社区的发展和参与。通过组织冰雪相关的文化活动,可以增强社区居民的凝聚力和文化认同感,同时为游客提供独特的旅游体验。

冰雪景观的生态价值。冰雪景观的形成和消融与当地的气候条件和生态环境密切相关。它的存在可以作为气候变化和环境健康状况的指示器,对于研究和保护生态环境具有重要的科学价值。

三、冰雪景观资源的分类

(一)冰雪景观资源的主要分类

按照形成原因分类。可以将冰雪景观资源分为自然形成的和人工创造的两大类。自然形成的冰雪景观包括由自然气候条件,如降雪、冰冻等形成的雪景、冰川、冰挂等;人工创造的冰雪景观则包括滑雪场、人工冰雕、冰灯节景观等,这些通常是为了旅游和娱乐而特别设计和建造的。

按照形态特征分类。冰雪景观资源可以细分为点状、线状、面状和立体状等不同形态。点状的如冰塔、冰柱,线状的如冰挂、冰帘,面状的如冰面、雪地,立体状的如冰雕、雪雕等。

按照持续时间分类。冰雪景观资源可以分为季节性冰雪景观和常年性冰雪景观。季节性冰雪景观主要出现在冬季,如雪景、冰挂等;常年性冰雪景观则多见于高山或极地地区,如冰川、雪山等。

按照与环境的关系分类。冰雪景观资源可以分为原生态冰雪景观和人工环境中的冰雪景观。原生态冰雪景观是指在自然环境中未经人为干预形成的景观,如自然形成的冰川、雪原;人工环境中的冰雪景观则是在特定的人造环境中,如滑雪场、冰雕公园等,通过人工手段创造和维护的景观。

(二)冰雪景观资源的主要类型分析

1. 雪霁

雪霁指大雪后天空放晴,大地被雪覆盖,阳光洒下,世界变得明亮宁静的现象。此时,空气中充满清新寒冷的气息,大自然似乎重焕生机。摄影和旅行爱好者常被这美景吸引,并用镜头捕捉这短暂美丽的瞬间。

雪霁景观在旅游开发上具有观赏价值独特的优势,可作为冬季旅游亮点吸引游客。开发雪霁摄影之旅和结合民俗活动,如雪地运动会、雪雕比赛,可丰富旅游体验。利用社交媒体和旅游网站宣传雪霁美景,能吸引更多游客,提升旅游目的地的吸引力,促进经济发展。

2. 飘雪

飘雪是指雪花在空中飘落、飞舞的景象。在寒冷的冬季,天空中飘落的雪花如同天使的羽毛,轻盈而优雅。每一片雪花都有其独特的形状,它们在空中旋转、飘落,最终静静地落在地面上,为大地披上一层洁白的外衣。飘雪的景象常常让人感到宁静和祥和,仿佛时间在这一刻凝固,所有的烦恼和喧嚣都被这纯净的雪花所覆盖。

飘雪景观具有高观赏价值和旅游潜力,能提供独特的视觉享受和浪漫氛围。可开发以飘雪为主题的旅游活动,如雪地徒步、滑雪等,结合当地文化举办雪节和冰雕展览。利用飘雪场景宣传冬季旅游,通过宣传册、视频和网络推广吸引游客,可以提升目的地知名度,促进当地经济多元化增长。

3. 霰

霰是由白色不透明小冰粒构成的降水,常见于寒冷天气。其颗粒较大,形状不规则,落地时发出响声,有时形成薄冰层。霰是天气变化的标志,对气象学家研究天气很重要。霰的景象独特,为冬季增添魅力,带来清新的空气和寒冷体验。其颗粒在阳光下闪耀,给冬日美景增添亮色,清脆的落地声为冬季带来生机。

在旅游产品开发方面,霰可以成为冬季旅游的特色之一。可以设计以霰为主题的户外探险活动,如霰地徒步、霰景摄影等,吸引那些寻求新奇体验的游客。同时,结合霰的自然现象,可以开展科普教育活动,让游客在享受美景的同时,了解霰的形成原理和天气学知识。

在市场营销方面,霰的景象可以作为冬季旅游的特色进行宣传。通过制作精美的宣传材料和视频,利用社交媒体和旅游网站等平台,向潜在游客展示霰的独特魅力。通过这些营销策略,可以吸引更多的游客前来欣赏霰的美景,从而提升旅游目的地的吸引力和竞争力。

4. 太阳雪

太阳雪是指在阳光照射下,依然能够看到雪花飘落的奇特景象。这种现象通常发生在天气较为温暖的冬季,当冷空气与暖空气相遇时,便会产生这种奇妙的视觉效果。太阳雪的出现让天空显得更加明亮,而飘落的雪花则为这明亮的背景增添了一抹神秘的色彩。对于观察者来说,太阳雪是一种难得的视觉盛宴,让人不禁感叹大自然的神奇与美妙。

太阳雪现象为游客提供了一种特殊体验,结合这一独特自然现象,可以设计旅游活动和节庆活动,吸引摄影爱好者和自然观察者。太阳雪的罕见性使其成为市场营销的有力工具,通过制作宣传视频、图片集锦等,在网络平台广泛传播,与旅游网站合作推出特色旅游套餐,提升旅游目的地知名度,促进当地旅游业发展。

5. 雨凇

雨凇是指在气温较低的情况下,雨滴落在物体表面迅速结冰而形成冰层的现象。这种现象通常发生在冬季或早春,当气温接近冰点时,雨滴在接触到树枝、电线等物体表面后迅速冻结,形成一层透明或半透明的冰壳。雨凇的出现使得树枝、电线等物体变得晶莹剔透,仿佛被精心雕琢的艺术品。然而,雨凇也会给交通和电力设施带来一定的影响,因此,在欣赏其美丽的同时,也要注意安全。

雨凇不仅观赏性强,还适合开发旅游产品。可举办摄影活动,吸引摄影爱好者,并结合科普教育,让游客了解雨凇的形成和环境影响。雨凇作为独特的自然现象,具有新闻和社交媒体传播价值。通过制作宣传视频和图片集锦,利用网络平台推广,并与旅游网站合作推出特色旅游套餐,提供一站式预订服务,有助于提升旅游目的地知名度,吸引游客,促进当地旅游业发展。

6. 雾凇

雾凇是指在气温较低且湿度较大的条件下,水汽在树枝、草叶等物体表面凝结成冰晶的现象。雾凇通常出现在清晨或傍晚,当雾弥漫时,水汽在接触到冷的物体表面后迅速凝结,形成一层细腻而洁白的冰晶。雾凇的出现使得整个世界仿佛被一层薄薄的霜花覆盖,显得格外纯净和美丽。对于摄影爱好者和自然观察者来说,雾凇是一种难得的拍摄题材,能够捕捉到大自然的奇妙瞬间。

雾凇景观不仅观赏价值高,还适合开发独特的旅游产品,如摄影活动和科普教育,以吸引游客并提升其对雾凇形成和环境影响的认识。在市场营销上,可通过制作宣传视频和图片集锦并在网络平台推广,以提高雾凇在社交媒体的传播潜力;与旅游网站合作推出特色旅游套餐和一站式预订服务,以提高旅游目的地知名度,促进旅游业增长。

7. 雪凇

雪凇是指在降雪过程中,雪花附着在树枝、电线等物体表面,形成一层厚重冰层的现象。这种现象通常发生在气温较低且风力较小的条件下,当雪花在空中飘落时,由于风力微弱,雪花能够较为均匀地附着在物体表面,形成一层层细腻的冰壳。雪凇的出现使得树枝、电线等物体变得异常沉重,有时甚至会压断树枝。然而,雪凇的美丽景象也吸引了众多摄影爱好者和游客前来观赏。

雪凇美化自然景观,对气象旅游有特殊意义。它为摄影爱好者提供素材,促进旅游市场增长。旅游产品开发可围绕雪凇设计线路和活动,如摄影比赛和观赏节,吸引游客体验冬季美景。雪凇的形成过程可作为科普教育内容,结合互动体验和讲解,让游客在欣赏中学习气象学和自然知识。同时,保护和管理雪凇资源对维护生态平衡至关重要。科学合理的开发和管理能将雪凇资源转化为推动地方经济和提升旅游目的地形象的宝贵资产。

8. 霜

霜是指在气温较低的夜晚或清晨,空气中的水汽在接触到地面或其他物体表面时直接凝结成冰晶的现象。霜通常出现在晴朗无风的夜晚,当气温降至冰点以下时,地面上的植物、车辆等物体表面会覆盖上一层薄薄的冰晶。霜的出现使得整个世界变得晶莹剔透,仿佛被一层薄薄的白纱覆盖。对于摄影爱好者来说,霜是拍摄晨景的绝佳题材,能够捕捉到大自然的静谧与美丽。

霜的形成不仅为摄影提供了独特的视觉效果,也对农业有着重要影响。霜冻可以损害农作物,尤其是那些在秋季还未完全成熟的作物。因此,霜的出现往往需要农民采取措施,如搭建温室或使用防霜布,来保护作物。在气象学研究中,霜的形成和消融过程也是研究低温条件下水汽凝结和释放的重要课题。此外,霜的形成还与大气中的温度和湿度分布有关,是气象预报中需要考虑的因素之一。在旅游开发方面,霜景可以作为冬季旅游的一部分,吸引游客体验冬季的宁静与纯净。通过组织霜景摄影比赛或霜景观赏活动,可以进一步提升旅游目的地的吸引力,促进当地经济的发展。

9. 冰凌

冰凌是指在气温较低的情况下,水滴在物体表面结冰而形成的冰条。这种现象通常发生在冬季或早春,当气温接近冰点时,水滴在接触到冷的物体表面后迅速冻结,形成一根根晶莹剔透的冰条。冰凌的出现使得树枝、屋檐等物体变得异常美丽,仿佛被精心装饰过的艺术品。然而,冰凌也会给交通和电力设施带来一定的影响,因此,在欣赏其美丽的同时,也要注意安全。

冰凌的形成不仅为自然景观增添了独特的美感,也在气象学研究中具有重要意义。它能够反映出大气中的温度和湿度条件,是研究低温条件下水汽凝结过程的一个重要指标。在气象预报中,冰凌的出现往往预示着未来一段时间内可能出现低温天气,因此,气象学家会将其作为天气变化的一个参考因素。此外,冰凌的形成还与风向、风速等气象条件有关,这些因素共同决定着冰凌的形态和分布。在旅游开发方面,冰凌景观可以吸引游客进行冬季探险和摄影活动,为旅游目的地带来新的旅游产品和服务。通过合理规划和管理,可以将冰凌景观转化为促进当地经济发展的资源,同时确保游客的安全和冰凌景观的可持续利用。

四、冰雪景观资源的空间分布

冰雪景观资源在我国分布广泛,但主要集中在高纬度和高海拔地区。

东北地区。东北地区是我国冰雪资源最为丰富的区域之一,尤其是黑龙江、吉林两省,拥有得天独厚的冰雪旅游资源。哈尔滨的冰雪大世界、长春的净月潭滑雪场等,都是著名的冰雪旅游胜地。

西北地区。西北地区的冰雪景观主要集中在新疆的天山山脉和阿尔泰山脉,以及青海的祁连山脉。这些地方冬季气温低、降雪量大,形成了独特的冰雪景观。新疆喀纳斯湖冬季举办冰雕艺术节,能够吸引众多游客。乌鲁木齐的天山天池滑雪场提供了优质的滑雪道和娱乐项目。祁连山脉的雪景纯净壮丽,有未开发的滑雪场和徒步路线。西北地区的冰雪景观不仅限于冬季,春季喀纳斯湖和天山天池的景色变化也十分迷人。

华北地区。华北地区的冰雪资源主要分布在河北张家口、承德和北京周边山区。张家口崇礼区是2022年冬奥会举办地之一,能够提供先进滑雪设施和多样雪道,每年吸引游客参加冰雪节庆。承德地区以独特的冰雪景观著称。北京周边(如延庆区)也有优质滑雪场。这些地区不仅有滑雪和节庆,还有冰瀑、雪雕等奇观。避暑山庄冬季景色迷人,坝上草原会变成银装世界。北京周边山区开发的冰雪旅游项目,如门头沟的滑雪项目和房山的冰洞探险。为提升冰雪旅游品质,各地区完善基础设施和服务、举办冰雪文化节和运动会,推广冰雪文化,激发参与热情。

华东地区。华东地区虽冰雪资源不多,但高海拔山区,如黄山、天目山,冬季常被冰雪覆盖,形成美丽景色。这些地方能吸引摄影爱好者和登山游客,他们带着对自然的好奇与敬畏,探索冬日仙境。其他如紫金山、庐山的雪景也颇具特色。华东沿海城市虽不以雪景著称,但冬季海风和海雾形成的独特景观,吸引着摄影和自然探索爱好者。这些地区通过冰雪节、摄影比赛等活动推广冰雪文化,提升旅游吸引力。

华南地区。华南地区的冬季通常温暖,但高海拔山区,如韶关丹霞山和猫儿山,偶尔会出现冰雪奇观。这些山区的罕见冰雪美景吸引了众多游客,成为当地冬季旅游亮点。华南地区其他冰雪景观包括武夷山和三清山,冬季雪景与当地特色相结合,通过冬季旅游活动促进经济发展。

西南地区。西南地区的冰雪景观主要集中在四川九寨沟和西藏珠穆朗玛峰等高海拔地区。九寨沟以冰川、雪峰和冰瀑著称,珠穆朗玛峰则以壮丽的冰雪世界吸引登山和摄影爱好者。这些景观不仅视觉震撼,还能让游客体验当地的自然和文化。云南的玉龙雪山和四川的峨眉山也是著名的冰雪景观地,其提供丰富的文化和精神享受。冬季活动,如冰雪节和登山比赛,促进了当地经济发展。

冰雪景观资源的地域差异明显,各地正积极开发冰雪旅游,未来科技和交通发展将带来更多景观资源,丰富旅游体验。

第四节　风景观资源

一、风景观资源的成因与特点

(一)风景观资源的成因

自然环境作用的影响。风景观资源的成因主要源于自然界的风力作用。风力在地表的侵蚀、搬运和堆积作用，形成了各种奇特的地貌景观。例如，沙漠中的沙丘、海岸边的风蚀崖以及草原上的风蚀沟壑等，都是风力作用的结果。这些景观不仅具有很高的观赏价值，还为游客提供了丰富的户外活动空间。

风力作用的多样性。风景观资源的形成不仅限于风力的侵蚀作用，还包括风力的搬运和堆积作用。在不同地理环境中，风力作用的多样性导致了多种风景观的形成。例如，在干旱和半干旱地区，风力搬运沙粒形成沙丘；而在沿海地区，风力侵蚀岩石形成独特的海岸地貌。此外，风的堆积作用在沙漠边缘地区形成了沙嘴和沙堤等地貌。

（二）风景观资源的特点

风景观资源的动态性。风景观资源的特点之一是其动态性。风的流动性和变化性使得风景观资源具有独特的动态美。风力的强弱、方向和频率的变化，使得风景观资源呈现出不同的景观效果。例如，春季的和煦微风、夏季的狂风暴雨、秋季的清爽凉风以及冬季的凛冽寒风，都为游客带来了不同的体验。

风景观资源的季节性。不同季节的风力变化，使得风景观资源呈现出不同的季节特色。春季的春风拂面、夏季的海风送爽、秋季的凉风习习以及冬季的寒风刺骨，都为游客提供了不同的旅游体验。

风景观资源的地域性。地域性特征在风的表现上尤为显著，不同地区的风具有各自独特的风貌。例如，在沿海地区，海风常常伴随着湿润的空气和咸咸的海味，带来阵阵清凉，成为这一地区特有的自然现象。而在高原地区，山风则以其强劲和多变的特点著称，常常在山间峡谷中呼啸而过，形成独特的风景观。至于沙漠地区，热风则是其标志性的特征，白天的高温使得空气上升，形成强烈的热对流，带来炽热而干燥的风。风在这些不同地区的特征不仅丰富了自然景观，也对当地的气候和生态环境产生了深远的影响。

风景观资源的观赏性。风景观资源不仅在科学上具有研究价值，也在旅游上具有很高的观赏性。风蚀崖的壮观、沙丘的连绵起伏、风蚀沟壑的奇特造型，都为游客提供了独特的视觉体验。这些景观在不同的季节和天气条件下呈现出不同的风貌，为摄影爱好者和自然探索者提供了丰富的素材。

风景观资源的环境适应性。风景观资源的形成与自然环境紧密相关，其存在和变化反映了特定地区的气候特征和环境条件。因此，风景观资源的保护和合理利用对于维护生态平衡和促进可持续旅游具有重要意义。通过科学管理和合理规划，可以确保风景观资源的长期存在，同时为游客提供高质量的旅游体验。

二、风景观资源的观赏价值与意义

风景观资源作为大自然赋予人类的宝贵财富，其观赏价值与意义远不止于视觉上的享受。这些资源以其独特的自然风光、丰富的生态系统和深厚的文化底蕴，成为连接人与自然、历史与现代的桥梁。

风景观资源拥有极高的审美价值。山川湖海、森林草原、古迹遗址等，无一不展现着大自然的鬼斧神工和人类文明的智慧结晶。这些景观以其独特的形态、色彩和质感，触动着每一个游人的心灵，让人在赞叹之余，也感受到生命的奇迹与自然的和谐。观赏这些风景，不仅能够陶冶情操、提升审美情趣，还能激发人们对美好生活的向往和追求。

风景观资源具有重要的生态价值。这些资源是地球生态系统的重要组成部分，对于维护生态平衡、保护生物多样性具有不可替代的作用。通过观赏风景，人们能够更加深入地了解自然生态的奥秘，增强环保意识，积极参与到生态保护的行动中来。同时，风景观资源的合理开发和利用，也能够促进生态旅游的发展，为地方经济注入新的活力，实现经济效益与生态效益的双赢。

风景观资源承载丰富的文化价值。每一处风景观都蕴含着深厚的历史文化底蕴，是民族文化和地域文化的集中体现。通过观赏风景观，人们可以了解当地的历史沿革、文化传统和民俗风情，增强对民族文化的认同感和自豪感。同时，风景观资源也是文化交流与传播的重要载体，通过旅游活动，不同地域、不同民族之间的文化得以相互交流和融合，促进了文化多样性的提升和文化繁荣。

三、风景观资源的分类

（一）风景观资源主要分类

按照风景观资源的自然属性分类。风蚀地貌包括风蚀台地、风蚀柱和风蚀坑，由风力侵蚀坚硬岩石形成，具有观赏和研究价值。风积地貌，如沙丘、沙嘴和沙堤，由风力搬运沙粒在干旱地区形成，对地理学和环境有影响。风力侵蚀还形成了风蚀崖和风蚀沟壑，展示了自然力量，为科学家提供了研究风力侵蚀的实例。

按照风景观资源的形成环境分类。沙漠风景观以沙丘和沙尘暴为特点，沙丘形态多样，沙尘暴壮观且充满力量。海岸风景观包括风蚀崖和海蚀洞等，由风和水长期作用形成，具有高观赏价值和研究意义。草原风景观则以风蚀沟壑和台地最为典型，由风力长期侵蚀形成，展示了大自然的变迁和力量，对地质学家和地理学家具有研究价值。

按照风景观资源的持续时间分类。短期风景观包括季风和风暴，它们迅速改变大气状况。季风在亚洲等地区造成了夏季多雨和冬季干燥。风暴，如热带风暴、雷暴和龙卷，对环境和人类活动有重大影响。长期风景观，如海风和山风，是持续存在的稳定风。海风从海洋吹向陆地，带来湿润凉爽的空气，调节沿海气候。山风从山地吹向平原，带来干燥寒冷的空气，影响降雨、植物和野生动物。山风还影响人类生活和经济，如取暖、能源使用和风力发电。

按照风景观资源的视觉效果分类。动态风景观包括风车转动和旗帜飘扬等自然现象,它们展示了风力作用下的变化和自然韵律。静态风景观则是指风力长时间作用下形成的独特岩石形态,如风蚀岩石,它们具有固定的形态和高观赏价值,反映了风力的强大和复杂性。

按照风景观资源的生态价值分类。生态保护型风景观涵盖湿地和草原,它们在自然状态下得到保护,展现生态和自然美景,具有观赏、生态和科研价值。湿地风景观以湿地生态系统为核心,包括水面、水生植物、水鸟资源及周边环境和人文景观,对湿地生态系统的保护和合理利用有助于保护生物多样性。草原风景观以草原生态系统为核心,包括草本植物、野生动物及周边环境和人文景观。生态旅游型风景观,如沙漠绿洲和山地风景观,展示自然美景和地理特征,提供观赏价值和生态体验,指导游客关注生态平衡和多样性的重要性。

(二)风景观资源主要类型分析

1. 松涛

松涛是指在风的吹拂下,松树林中发出的如同波涛般的声音。这些声音时而低沉、时而高亢,仿佛是大自然的交响乐。松涛的形成与松树的枝叶结构和风的强度有关,当风吹过松树的针叶时,它们相互摩擦,产生了一种独特的声音。在宁静的山林中,松涛声可以让人感受到一种深沉的宁静和自然的力量。

松涛作为自然声音景观,具有观赏和旅游开发价值。可开发以听觉体验为主的旅游产品,如"松涛听音之旅",吸引寻求自然体验的游客。在松林中设置观景台和听音亭,以提升旅游互动性和体验性。在市场营销方面,松涛可作为特色品牌推广,通过高质量的宣传视频和音频,展示松林的宁静与壮美,激发旅游兴趣。举办以松涛为主题的活动,吸引艺术爱好者,提升旅游目的地知名度和吸引力。松涛能成为旅游亮点,促进当地经济效益提高和可持续旅游发展。

2. 山谷风

山谷风是指在山谷中,由于地形的影响,白天和夜晚风向相反的现象。白天,阳光照射使得山顶的空气温度升高,空气上升,形成谷风,从山谷向山顶吹去。到了夜晚,山顶的空气冷却,空气下沉,形成山风,从山顶向山谷吹去。山谷风的形成与地形和光照强度密切相关,这种风的存在对调节山区气候有着重要作用。

山谷风对气候有调节作用,能增强旅游体验。在旅游开发中,可设计体验活动,如"山谷风之旅",让游客感受风的凉爽或温暖。山谷风也可用于风力发电,展示自然利用价值和可持续发展理念。在市场营销上,山谷风可以作为特色宣传,吸引对自然和户外活动感兴趣的游客。利用其特性,举办风力帆船比赛、风筝节等活动,增加旅游目的地多样性,吸引游客参与。这些活动使山谷风成为旅游亮点,促进当地经济和旅游业可持续发展。

3. 清风

清风是指在温暖的季节里轻柔而凉爽的风。这种风通常伴随着宜人的温度和清新的空气,让人感到舒适和愉悦。清风的形成与大气压力差和温度差异有关,当空气在不同区域之间流动时,便形成了风。清风可以驱散闷热,带来凉爽,是人们在炎热夏日中所期盼的自然恩赐。对于那些生活在繁忙都市中的人来说,清风更是一种难得的放松和享受。

清风的旅游价值在于提供户外轻松体验。旅游开发可设计以清风为主题的活动,如"清风漫步"或"清风野餐",让游客享受自然微风。在风景优美地区设置风向标和风速计,让游客了解风的形成和特性,增加教育意义。在市场营销上,清风可作为旅游目的地宣传亮点,吸引寻求自然疗愈的游客。利用清风特性,举办风铃节或风筝节等节庆活动,增加旅游目的地吸引力。这些活动使清风成为旅游亮点,促进当地经济和旅游业可持续发展。

4. 海陆风

海风是指沿海地区特有的风,它通常由海洋和陆地之间的温差引起。白天,陆地比海洋加热更快,导致陆地上方的空气上升,形成低压区,而海洋上方的空气相对较冷,形成高压区,从而产生从海面吹向陆地的风。到了夜晚,情况相反,陆地冷却得比海洋快,形成从陆地吹向海洋的风。海陆风不仅为沿海居民带来凉爽,还对调节沿海地区的气候有着重要作用,是海滨旅游和休闲活动的重要组成部分。

海陆风为旅游体验增添魅力,可设计相关活动,如"海陆风之旅",体验其清新凉爽。海陆风亦可推动帆船运动,吸引参与者。作为宣传亮点,海陆风能吸引寻求海滨休闲的游客,并通过帆船比赛、沙滩文化节等活动提升旅游目的地吸引力,促进旅游业可持续发展。

5. 季风

季风是一种季节性变化明显的风,在不同季节会改变风向。在亚洲季风区,夏季季风带来湿润的空气和大量降水,而冬季季风则干燥且风力较强。季风的形成与大陆和海洋之间的热力差异有关,夏季时,大陆加热比海洋快,形成低压区,吸引海洋上的高压风向大陆吹去;冬季则相反。季风对农业、航海和人们的生活方式有着深远的影响,也是许多地区旅游活动的重要组成部分。

季风影响气候和旅游体验,如印度和东南亚的雨季和旱季,会给旅游带来不同的影响。旅游者可体验季风特有的自然和文化活动,旅游开发者可设计与季风相关旅游产品。季风变化也影响市场营销策略,旅游目的地需制定策略吸引游客,在不同季节提供多样化旅游体验,如风筝节、帆船赛,为摄影爱好者提供拍摄自然和人文景观的机会。

四、风景观资源的空间分布

在探讨风景观资源的空间分布时,首先需要了解风的形成机制及其对景观资源的影响。风通常是大气环流、地形地貌以及季节变化等因素共同作用的结果。不同地区的风特征各异,从而形成了独特的气象景观资源。

沿海地区。沿海地区由于海陆热力性质的差异,常常形成显著的海陆风。特别是在春、秋季节,海风和陆风的交替出现,为沿海地区带来了丰富的气象景观。例如,晨曦中的海雾、夕阳下的海风拂面,都是沿海风景观的典型代表。较为典型的旅游景区,如海南三亚的天涯海角,以其独特的海风和海雾景观吸引着众多游客。此外,广东的阳江海陵岛,以其壮观的海风和海浪,成为摄影爱好者和冲浪者的"天堂"。浙江舟山群岛的海风和海浪,为游客提供了宁静与激情并存的旅游体验。沿海地区的风景观资源不仅丰富了旅游产品,也为当地经济的发展注入了新的活力。

高山峡谷区。高山峡谷区的风景观资源同样独特。由于地形的抬升作用,峡谷中常常形成强烈的山谷风。特别是在晴朗的白天,山谷风将山间的清新空气带入峡谷,形成一道道清晰的风带。此外,高山地区的风力资源丰富,常常可以看到风力发电机在山巅旋转,成为一道独特的风景线。较为典型的旅游景区,如四川的九寨沟,以其壮观的山谷风和清新的空气,每年吸引着无数的游客前来体验。九寨沟的风景观不仅为游客提供了独特的视觉享受,也对当地的生态环境保护起到了积极的作用。此外,西藏雅鲁藏布大峡谷的风景观资源更是雄伟和神秘,是探险者和自然爱好者的向往之地。雅鲁藏布大峡谷的风资源不仅为当地居民提供了可再生能源,也使该峡谷成了研究高原气候特征的重要场所。这些高山峡谷区的风景观资源,不仅丰富了旅游产品的多样性,也促进了当地经济和文化的可持续发展。

沙漠和干旱区。沙漠和干旱区的风景观资源以沙尘暴和风蚀地貌为主。在特定的季节,强风会卷起漫天黄沙,形成壮观的沙尘暴。而风蚀作用则造就了形态各异的雅丹地貌,这些奇特的地貌在阳光的照射下,呈现出迷人的色彩和线条。较为典型的旅游景区,如新疆的塔克拉玛干沙漠,以其壮观的沙尘暴和独特的雅丹地貌,每年吸引着众多探险者和摄影爱好者。沙漠中的风景观不仅为游客提供了刺激的体验,也对研究沙漠气候和地理特征具有重要的科学价值。此外,内蒙古的响沙湾,以其响亮的沙鸣和连绵的沙丘,成为沙漠旅游的又一亮点。响沙湾的风蚀地貌和沙丘景观,为游客提供了独特的视觉和听觉享受,同时也促进了当地旅游业的发展。沙漠和干旱区的风景观资源,不仅丰富了旅游产品的种类,也为当地经济的多元化发展提供了新的机遇。

平原和盆地地区。平原和盆地地区的风景观资源以大范围的风力作用为主。在这些地区,风力可以持续地作用于地表,形成广阔的风蚀平原和风积地貌。例如,风吹沙丘的连绵起伏,以及风吹草低见牛羊的草原风光,都是平原和盆地风景观的典型代表。较为典型的旅游景区,如内蒙古的呼伦贝尔大草原,以其辽阔的草原和风力作用下的沙丘景观,每年吸引着大量游客前来体验。呼伦贝尔大草原的风景观不仅为游客提供了独特的自然体验,也对保护草原生态和促进当地牧业发展起到了积极作用。此外,华北平原的风力资源丰富,风力发电成为该地区重要的能源产业,同时，平原上的风蚀地貌和风积沙丘也为研究气候变化和地理演变提供了宝贵的自然资料。平原和盆地地区的风景观资源，不仅为旅游者提供了丰富的视觉和体验享受，也为当地经济的可持续发展提供了新的动力。

城市地区。城市地区由于建筑物的阻挡和引导作用，形成了独特的城市风景观。例如，高楼大厦之间的"峡谷效应"会形成强烈的阵风，而城市热岛效应则会导致局部地区的风向和风速发生变化。此外，城市中的公园和绿地在风中也呈现出别样风情，成为市民休闲的好去处。较为典型的旅游景区，如上海的陆家嘴金融区，高楼林立，其间的"峡谷效应"尤为明显，吸引着众多摄影爱好者和城市探险者。陆家嘴的风景观不仅展示了现代都市的风貌，也为城市气候研究提供了独特的案例。此外，美国纽约的中央公园，公园内的树木和湖泊在风中形成了一道独特的风景线，为市民和游客提供了休闲和放松的空间。城市地区风景观资源的开发，不仅丰富了城市旅游的内涵，也促进了城市环境的改善和城市文化的传播。

第五节 光景观资源

一、光景观资源的成因与特点

（一）光景观资源的成因

光景观资源是指那些大气现象所形成的独特景观，这些景观不仅令人叹为观止，还具有重要的科学和旅游价值。光景观资源的成因与特点主要包括以下几个方面。

太阳辐射。太阳辐射是形成光景观的主要能量来源。太阳光通过大气层时，由于大气中的水汽、尘埃和其他颗粒物的散射和反射作用，形成了诸如日出、日落、彩虹、霞光等美丽景观。

大气折射。大气折射是指光线在通过不同密度的空气层时发生的方向改变。这种现象常常导致海市蜃楼等奇异景观的出现，尤其是在温度变化剧烈的环境中更为常见。

云雾效应。云雾是由水汽凝结成小水滴或冰晶并悬浮在空中的现象。云雾的形成和消散，以及它在不同光照条件下的变化，常常创造出如云海、晨雾、雾凇等令人惊叹的景观。

（二）光景观资源的特点

多样性。光景观多样，包括日出、日落、极光、彩虹和海市蜃楼。日出、日落由地球自转引起的太阳光线折射、反射形成；极光是太阳风粒子与地球磁场作用的结果；

彩虹由雨后阳光穿过水滴折射形成;海市蜃楼则是光线在不同密度空气中折射造成的远处景物倒影。这些自然现象不仅美化了世界,也激发了人们对自然界的好奇和敬畏。

季节性。光景观常有季节性特征,如彩虹多见于夏、秋季的雨后晴天,由阳光穿过雨滴产生。极光则主要在高纬度地区的冬季夜晚出现,由太阳风与地球磁场作用形成。北极光和南极光分别出现在北极和南极地区,通常在冬季夜晚和远离城市光污染的地方才能观察到。

地域性。气候和地理条件影响光景观的分布和多样性。沙漠地区日出、日落时常见壮丽的霞光,天空呈现绚丽多彩的景象。沿海地区易见海市蜃楼,由光线折射和反射形成幻影般的景象。这些景观不仅提供视觉享受,也代表了地区独特的自然风貌。

观赏性。光景观不仅观赏性强,还能激发人们对自然科学的兴趣。极光、日晕等现象令人惊叹,成为旅游和摄影热点,吸引众多游客和摄影师。这些景观不仅展示了自然之美,还促进了人们对科学知识的探索,帮助人们更深入地了解地球。

科学性。光景观的形成是一个复杂而多变的过程,它涉及众多的物理学和气象学原理,如大气光学和大气热力学等。这些原理共同作用,使得人们能够观察到各种奇妙的气象景观,如彩虹、日晕、云海等。通过对这些景观的研究,不仅能够更深入地理解大气中的各种现象,还能从中获取宝贵的信息,为气象预报和气候变化研究提供重要的参考依据。

二、光景观资源的观赏价值与意义

光景观资源的观赏价值与意义不仅体现在其自然美的展示上,还在于它对人类情感和精神世界的深远影响。阳光、云彩、彩虹、霞光等光景观,以其变幻莫测和丰富多彩的特性,为人们提供了无尽的视觉享受和心灵慰藉。

审美和情感价值。光景观能够激发人们的审美情感。无论是清晨的第一缕阳光,还是傍晚的余晖,都能唤起人们对美好生活的向往和对自然的敬畏。云海翻腾、雷电交加的壮观场面,更是让人感受到大自然的雄伟与力量,从而产生一种超越自我的精神体验。

文化价值。光景观具有重要的文化价值。许多民族和文化中都有与光景观相关的传说和故事,这些故事不仅丰富了民间文化,还传递了人类对自然现象的理解和敬畏。例如,彩虹在许多文化中被视为吉祥的象征。

教育价值。通过观赏和研究光景观,人们可以更好地了解大气科学的基本原理,增强环境保护意识。

产业发展价值。光景观资源的产业发展价值体现在其对旅游业的推动作用上。许多著名的旅游景点都以其独特的光景观吸引着大量游客。例如,黄山的云海、九寨沟的五花海、张家界天门山的云雾等，都是游客们趋之若鹜的自然奇观。光景观不仅提升了旅游地的知名度，还为当地经济带来了显著的收益。

光景观资源的产业发展价值还体现在其对相关产业的带动效应上。例如，光景观的摄影和绘画作品，不仅丰富了艺术市场，还促进了文化产业的发展。此外，光景观的影视拍摄、旅游纪念品开发等，都为当地创造了新的就业机会和经济增长点。随着科技的进步，虚拟现实技术的应用使得人们即使在家中也能体验到光景观的魅力，这为在线旅游和数字娱乐产业的发展提供了新的方向。因此，光景观资源的合理开发和利用，对于推动地方经济多元化发展具有重要意义。

三、光景观资源的分类

（一）光景观资源的主要分类

按照形态特征分类。天空色彩类包括日出、日落等，以其多彩变化为人们带来视觉享受。光线效果类涉及透过云层、晨雾中的阳光等现象。天文现象类包含流星、彗星等罕见天文现象，与科学和文化紧密相关。人造光影类，如城市夜景、节日灯光秀等，美化城市并成为旅游文化活动的一部分。光景观资源的分类有助于理解、欣赏这些景象，并指导旅游资源开发与保护，有效规划旅游路线和产品，采取保护措施，确保可持续利用。

按照时间分类。季节性光景观包括春日的晨光、夏季的雷雨后彩虹、秋季的金黄色日落以及冬季的晨曦，这些季节性变化的光景观不仅丰富了旅游体验，也反映了自然界的周期性变化。日夜交替的光景观，如黎明和黄昏，天空的色彩变化和光线渐变，为摄影爱好者和旅游者提供了独特的视觉盛宴。特殊时间的光景观指在特定节日或纪念日的光景观，如国庆节的烟花表演、圣诞节的灯光装饰等，这些特殊时间的光景观往往具有特殊的文化意义和旅游吸引力。

按照区域分类。城市中的光景观资源，如摩天大楼的灯光、桥梁的照明以及城市广场的灯光秀，这些光景观不仅展示了城市的现代化面貌，也成了城市旅游的重要吸引物。自然景观区，如国家公园、自然保护区内的光景观，包括星空、极光、日出、日落等，这些光景观展现了大自然的壮丽和神秘，吸引着众多自然爱好者和摄影师。乡村和田园风光中的光景观，如稻田中的晨雾、夕阳下的村庄、星空下的露营，这些光景观体现了乡村生活的宁静与和谐，为乡村旅游增添了独特的魅力。

（二）光景观资源的主要类型分析

1. 日出和日落

日出和日落是自然界中最常见的光景观。它们的色彩变化丰富，常常伴随着云彩的渲染，形成壮丽的景象。日出时分，天空逐渐被染成金黄色、橙红色，给人以希望和活力；而日落时分，天空则常常呈现出更为柔和的粉红色、紫色，给人以宁静和安详。

　　日出和日落不仅因其自然美景而具有观赏价值,还能为旅游目的地提供独特体验。作为特色旅游产品,它们能吸引游客前往特定观景点,如山顶、海边或平原,为摄影爱好者提供捕捉自然之美的机会。同时,日出和日落可与当地文化活动结合,如日出瑜伽、日落音乐会,丰富旅游体验。

　　在市场营销方面,通过社交媒体和旅游网站分享高质量的日出和日落照片或视频,可吸引潜在游客。开发以日出和日落为主题的旅游套餐,结合当地美食和文化活动,可打造独特旅游品牌,提高旅游目的地的市场竞争力和吸引力。

　　2. 彩虹和双彩虹

　　彩虹是阳光穿过雨滴时发生折射、反射和色散而形成的美丽弧形光带。双彩虹则更为罕见,它在主彩虹外侧形成一条较暗的副彩虹,增加了景观的神秘感。彩虹通常出现在雨过天晴时,是大自然赐予的美丽礼物。

　　彩虹观赏可以成为一种独特的旅游产品,吸引那些对自然现象充满好奇的游客。在彩虹出现的地区,可以设置专门的观景点,并提供专业的摄影指导服务,让游客能够捕捉到这一瞬间的美丽。此外,可以结合当地的自然环境和文化背景,开发一系列以彩虹为主题的旅游活动,如彩虹节、彩虹徒步旅行等,以增加旅游产品的多样性和吸引力。

　　在市场营销方面,彩虹作为一种自然现象,其出现具有一定的不可预测性,因此,可以通过建立一个实时的气象信息更新系统,向潜在的游客提供彩虹出现的预报和实时信息。利用社交媒体平台分享彩虹的美丽照片或视频,可以激发公众的兴趣和好奇心,从而吸引他们前往旅游目的地。同时,可以与旅游网站合作,推出彩虹观赏旅游套餐,包括住宿、交通和专业导游服务,为游客提供一站式的旅游体验。通过这些策略,可以有效提升旅游目的地的知名度和吸引力,促进当地旅游业的发展。

　　3. 霓

　　霓是与虹相似的天气现象,但它的位置通常在虹的外侧,颜色顺序与虹相反。霓的出现往往意味着天气即将发生变化,它那独特的色彩和形状,为天空增添了一种别样的美丽。

　　在旅游开发方面,可以将霓作为特色旅游资源进行开发。由于霓较为罕见,可以围绕这一现象设计特殊的旅游路线和活动,如"霓光之旅"或"霓彩探险",吸引摄影爱好者和自然观察者。在霓出现的特定区域,可以建立观景台和信息中心,提供关于霓的科学解释和观测指导,同时结合当地文化,举办与霓相关的节庆活动,如霓彩节,以增加旅游体验的深度和广度。

　　在市场营销方面,可以利用霓的神秘性和独特性,通过各种媒体渠道进行宣传推广。例如,通过制作霓的纪录片或短片,展示其形成过程和美丽景象,提升观众的好奇心。同时,可以与气象部门合作,发布霓出现的预测信息,吸引游客在特定时间前往观赏。社交媒体上可以创建专门的话题标签,鼓励游客分享自己的霓光体验和摄影作品,形成口碑传播效应。此外,还可以与旅游平台合作,推出包含住宿、交通和专业导游服务的霓光观赏旅游套餐,为游客提供便捷的旅游服务,从而提升旅游目的地的吸引力和经济效益。

4. 霞光

霞光是指日出前或日落后,天空中出现的彩色光带。这种现象通常发生在大气中含有较多水汽或尘埃颗粒时,阳光通过这些微粒发生散射,形成色彩斑斓的天空。霞光的色彩变化多端,常常预示着天气的变化。

霞光的观赏价值极高,是摄影爱好者和自然观察者所追求的美景之一。在旅游开发方面,可以围绕霞光设计特色旅游产品,如霞光摄影之旅,以吸引摄影爱好者和自然爱好者前往特定的观景点。同时,可以结合当地的文化和历史,举办霞光节或相关文化活动,增加旅游的深度和文化体验。霞光节可以设计成一系列活动,包括摄影比赛、艺术展览和文化讲座,以此来展示霞光的自然美和文化意义。此外,霞光的出现往往与天气变化有关,因此,气象部门可以提供霞光出现的预测信息,帮助游客规划行程,提高观赏的成功率。可以与旅游平台合作,推出包含住宿、交通和专业导游服务的霞光观赏旅游套餐,为游客提供便捷的旅游服务。

在市场营销方面,可以通过社交媒体和旅游网站发布霞光的美丽照片和视频,利用视觉冲击力吸引潜在游客。此外,还可以与气象部门合作,发布霞光出现的预测信息,为游客提供观赏的最佳时机,从而提升旅游目的地的吸引力和经济效益。

5. 极光

极光是高纬度地区特有的光景观,主要出现在南极、北极附近。极光是太阳风中的带电粒子与地球磁场相互作用,进入大气层后与空气分子碰撞而产生的光辉。极光的形态多样,有条状、带状、幕状等,色彩也极为丰富,从绿色、粉色到紫色,甚至红色,令人叹为观止。

极光旅游产品可以设计成一系列的旅游套餐,包括极光观测之旅、极地探险活动以及与当地文化相结合的体验活动。这些套餐可以吸引那些对极光现象充满好奇和向往的游客,尤其是摄影爱好者和自然观察者。为了增加旅游体验的深度,可以组织专题讲座和研讨会,邀请极光研究专家分享他们的研究成果和观测经验。此外,还可以与当地旅游部门合作,开发极光主题的纪念品和特色商品,以满足游客的购物需求。

在市场营销方面,可以通过制作极光主题的旅游宣传册和视频,利用网络平台和社交媒体进行广泛传播,同时与旅游网站合作,推出极光观赏旅游套餐,提供一站式服务,包括住宿、交通和专业导游服务,以吸引更多的游客。通过这些策略,可以有效提升极光旅游目的地的知名度和吸引力,进而促进当地经济的发展。

6. 光晕和幻日

光晕是阳光或月光通过云层中的冰晶折射而形成的彩色光环,常见的有 22 度光晕和 46 度光晕。幻日则是光晕的一种特殊形式,当阳光通过特定形状的冰晶时,会在太阳两侧形成两个或多个"假太阳"。这些现象常常令人惊叹于大自然的奇妙。

光晕和幻日现象同样具有很高的观赏价值,它们为旅游者提供了独特的视觉体验。光晕通常出现在太阳或月亮周围,形成一个或多个彩色的光环,而幻日则是在太阳的两侧出现一个或多个额外的光斑,这些都源于大气中冰晶的折射作用。这些现象不仅为摄影师和自然爱好者提供了拍摄和观赏的机会,也为气象爱好者提供了研究大气光学现象的实例。

在旅游开发方面,可以围绕光晕和幻日设计特殊的旅游活动,如光晕观测之旅或幻日摄影工作坊,吸引对这些自然现象感兴趣的游客。这些活动可以结合科普教育,邀请气象专家进行现场讲解,增加旅游产品的知识性和趣味性。同时,可以与当地的文化活动相结合,如在特定的节日或庆典中,将光晕和幻日作为特色元素,吸引游客参与。

在市场营销方面,可以通过制作高质量的光晕和幻日照片和视频,利用社交媒体和旅游网站进行宣传,吸引对天文和自然现象感兴趣的游客群体。此外,还可以与气象部门合作,发布光晕和幻日出现的预测信息,帮助游客规划行程,提高观赏的成功率。通过这些策略,可以有效提升旅游目的地的吸引力,增加旅游收入,同时促进当地文化和科学知识的传播。

7. 蜃景

蜃景是一种由大气折射引起的光学现象,通常出现在炎热的沙漠或海面上。蜃景中的景象往往呈现出颠倒或扭曲的状态,仿佛是另一个世界的倒影,令人感到一种梦幻般的美。

在旅游开发方面,可以将蜃景作为特色旅游资源进行开发,设计以蜃景为主题的旅游路线和体验活动。例如,在沙漠或海面上设置观景台,提供专业的导游解说服务,让游客在最佳的观测点欣赏这一自然奇观。同时,可以结合当地的文化和历史,举办相关的节庆活动,如蜃景节,增加旅游的互动性和参与感。此外,还可以开发与蜃景相关的旅游纪念品,如摄影集、艺术画册等,以满足游客对这一独特自然现象的纪念需求。

在市场营销方面,可以通过制作精美的宣传册和视频,利用网络平台和社交媒体进行广泛传播,吸引对自然奇观感兴趣的游客。同时,可以与旅游网站合作,推出包含住宿、交通和专业导游服务的旅游套餐,提供一站式服务,以提高旅游目的地的知名度和吸引力。通过这些策略,可以有效提升旅游目的地的市场竞争力,同时促进当地经济和文化的可持续发展。

8. 日柱

日柱是一种较为罕见的日光现象,通常在太阳周围形成垂直的光柱。这些光柱是由阳光穿过云层中的冰晶时发生折射而形成的,它们的出现常常让人感到一种庄严而神圣的美。

在旅游开发方面,日柱现象可以作为特色旅游资源进行开发。可以设计专门的观测点和解说服务,让游客在最佳的观测位置体验这一自然奇观。同时,结合日柱现象的科学原理,开发科普教育旅游项目,提升游客的科学素养和体验深度。此外,还可以举办以日柱为主题的摄影比赛或艺术展览,吸引摄影爱好者和艺术家参与,从而增加旅游活动的多样性和吸引力。

在市场营销方面,可以通过制作高质量的宣传材料,如日柱现象的精美摄影集和视频,利用网络平台和社交媒体进行宣传,吸引对自然奇观感兴趣的游客。同时,可以与旅游网站合作,推出包含观测日柱现象的旅游套餐,提供一站式服务,包括住宿、交通和专业导游解说等,以提高旅游目的地的知名度和吸引力。通过这些策略,可以有效提升日柱现象作为旅游资源的市场竞争力,同时促进当地经济和文化的可持续发展。

9. 日晕和月晕

日晕是一种罕见的天气现象,通常在太阳周围形成一个或多个彩色的光环。这些光环是由高空中的冰晶折射阳光形成的,它的出现往往预示着天气的变化,给人们带来一种神秘而独特的视觉体验。月晕与日晕类似,是月亮周围出现的彩色光环。在月光的映照下,夜空中的月晕显得格外柔和,仿佛给月亮披上了一层神秘的面纱,让人不禁对宁静的夜晚充满遐想。

可以将日晕和月晕作为特殊的气象旅游资源进行开发。通过建立观测点和科普教育基地,吸引天文爱好者和普通游客前来观赏和学习。同时,可以结合当地文化,举办日晕和月晕主题的节庆活动,如日晕节或月晕之夜,通过艺术表演、摄影比赛等形式,增加游客的参与感和体验感。此外,开发相关的旅游纪念品和科普书籍,通过线上、线下渠道销售,进一步推广日晕和月晕的科学知识和美学价值。通过这些措施,可以有效提升日晕和月晕作为旅游资源的吸引力,同时促进当地经济和文化的可持续发展。

可以利用日晕和月晕的独特视觉效果,设计一系列市场营销活动。例如,通过社交媒体平台发布日晕和月晕的美丽照片和视频,吸引公众的关注和讨论。同时,可以与旅游网站合作,推出以日晕和月晕为主题的摄影比赛,鼓励游客分享自己的摄影作品,并设置奖项,以增加参与度。此外,开发与日晕和月晕相关的旅游纪念品,如明信片、日历、手机壳等,这些产品不仅具有纪念意义,也能作为宣传工具,让更多人了解和喜爱这一自然现象。通过这些市场营销策略,可以有效提升日晕和月晕的知名度,吸引更多游客前来体验和探索,从而带动相关旅游业的发展。

10. 日华和月华

日华是一种较为罕见的日光现象,通常在太阳周围形成彩色的光带。这些光带是由大气中的水滴或冰晶对阳光进行衍射而产生的,它的出现常常伴随着日晕,为天空增添了一抹绚丽的色彩。月华与日华相似,是月亮周围出现的彩色光带。月华的形成原理与日华相同,但因为月亮的光线较弱,所以月华通常比日华更为罕见和珍贵。在宁静的夜晚,月华的出现往往令人感到一种神秘的美感。

在旅游开发方面,日华和月华作为独特的自然现象,具有极高的观赏价值,是旅游开发中不可多得的资源。在开发过程中,可以考虑建立专门的观测点或观景台,为游客提供最佳的观赏位置。同时,结合现代科技手段,如使用天文望远镜和高清摄像设备,让游客能够更清晰地捕捉到这些自然奇观的细节。此外,开发相关的科普教育活动,如日华和月华知识讲座、互动体验展览等,可以增加游客的参与感和教育意义。通过这些方式,不仅能够提升游客的旅游体验,还能促进当地旅游经济的发展,实现气象旅游资源的可持续利用。

在市场营销方面,可以开发一系列与日华和月华相关的旅游纪念品和商品,如摄影集、明信片、日历、艺术画册等,这些产品不仅具有旅游纪念意义,还能作为传播日华和月华自然奇观的媒介。同时,可以利用社交媒体和网络平台,进行线上推广和销售,扩大日华和月华的影响力。此外,还可以与旅游景点合作,推出特色旅游套餐,吸引摄影爱好者和天文爱好者前来体验和拍摄,通过口碑营销和用户生成内容,进一步提升日华和月华的知名度。通过这些市场营销策略,可以有效地将日华和月华的独特魅力转化为旅游经济的增长点。

11. 宝光

宝光是一种较为罕见的光学现象,有雾气或薄云时,通常出现在观察者与光源之间。宝光的中心是光源的倒影,周围环绕着彩色的光环,仿佛是大自然赋予的神秘光环,令人感到一种超凡脱俗的美。

在旅游开发方面,宝光现象的旅游开发潜力巨大,可以设计专门的宝光观测点,为游客提供专业的观测设备和解说服务。通过建立宝光观测点,不仅可以吸引摄影爱好者和自然观察者,还能提供科普教育基地。此外,还可以举办宝光节等特色节庆活动,结合当地文化,打造独特的旅游品牌。通过这些措施,宝光不仅能够成为旅游经济的增长点,还能促进当地文化的传承与发展。

在市场营销方面,可以设计一系列市场营销策略,以宝光现象为核心,打造独特的旅游品牌。首先,可以通过社交媒体和网络平台进行宣传,利用高质量的图片和视频吸引潜在游客的注意。其次,可以与旅游网站和旅行社合作,推出宝光观测之旅的特色套餐,吸引摄影爱好者和自然观察者。最后,还可以开发与宝光相关的纪念品和旅游商品,如宝光主题的明信片、摄影集、科学教育书籍等,以增加旅游收入。通过这些综合性的市场营销策略,可以有效提升宝光现象的知名度,吸引更多的游客,从而推动当地旅游经济的发展。

四、光景观资源的空间分布

沿海地区。沿海地区由于海陆分布的特殊性,常常形成独特的光景观资源。例如,海市蜃楼现象在特定的气候条件下,尤其是在海面温度与上层空气温度差异较大时,容易在海面上出现。此外,沿海地区日出和日落时分,由于海面反射和大气折射的作用,常常能见到色彩斑斓的天空,为摄影爱好者和游客提供了绝佳的观赏机会。

高山峡谷区。高山峡谷区由于地形的垂直变化,形成了多样的光景观资源。在这些区域,日出和日落时分,太阳光线穿过峡谷,形成壮观的光柱和光带,为游客提供了难得的视觉盛宴。同时,高山地区的云海和雾气也常常与日出日落相结合,创造出如梦如幻的景象。

沙漠和干旱区。沙漠和干旱区由于其干燥的气候条件、晴朗的天空和强烈的日照,使得光景观资源尤为突出。在这些地区,日出和日落时分,天空色彩变化丰富,常常可以看到金黄色、橙红色等鲜艳的色彩。此外,沙漠中的沙丘在日出和日落时分,也会形成美丽的光影效果。

平原和盆地。平原和盆地地区由于地势平坦、视野开阔,是观赏日出和日落的理想场所。在这些地区,日出时分,太阳从地平线缓缓升起,天空逐渐被染成金色;日落时分,太阳缓缓下沉,天空中的云彩被染成各种暖色调,为人们带来宁静而美丽的视觉体验。

城市地区。城市地区虽然受到人造光源的影响,但在特定的条件下,如天气晴朗且空气透明度高的时候,依然可以观察到美丽的光景观。例如,城市中的高楼大厦在日出和日落时分,常常被染上一层金色或红色的光辉,形成一道独特的城市风景线。此外,城市中的湖泊和水体在日出和日落时分,也能反射出美丽的天空,为城市居民提供了一处放松和欣赏自然美景的场所。

极地地区。极地地区由于其极端的气候条件,光景观资源同样具有独特性。在极昼和极夜的特殊时期,极光现象在这些地区尤为常见,为人们提供了观赏极地自然奇观的机会。极光的出现,不仅为科学家提供了研究太阳活动和地球磁场的宝贵资料,也成了吸引旅游者的重要旅游资源。此外,极地地区在日出和日落时分,太阳光线与冰面的相互作用,常常能产生令人惊叹的光影效果,为摄影爱好者和游客提供了难得的视觉体验。

气候过渡带。气候过渡带,如温带和热带的交界区域,由于气候的多样性和过渡性,也形成了丰富的光景观资源。在这些地区,日出和日落时分,天空色彩的变化尤为丰富,常常可以看到从淡蓝到深紫,再到金黄和橙红的渐变色彩。气候过渡带的地形多样,如丘陵、高原和森林,这些地形在日出和日落时分,也会与光线相互作用,创造出独特的光影效果。这些景观不仅为当地居民提供了日常的视觉享受,也成了吸引旅游者的重要因素。

第六节 极端天气景观资源

一、极端天气景观资源的成因与特点

(一)极端天气景观资源的成因

大气层的不稳定状态。大气层的不稳定状态常常被认为是引发极端天气现象的关键因素之一。这种不稳定状态通常是由多种因素共同作用的结果,包括温度、湿度、风速和风向等气象要素的剧烈变化。当大气层中的这些要素分布不均匀,或者存在显著的垂直梯度时,就会导致大气层的稳定性受到破坏。这种不稳定的大气条件会使得空气中的能量无法有效释放,从而积累大量的潜在能量。一旦这些能量在某个触发点被释放,就会引发强烈的对流活动,进而导致暴雨、雷暴、龙卷等极端天气现象的发生。因此,了解和监测大气层的稳定性对于预测和应对极端天气具有重要意义。

地球表面的热力差异。地球表面的热力差异主要是由于海洋与陆地之间的温差所引起的,这种温差可以导致空气温度和密度的显著变化。当海洋表面的温度较高时,空气会变得温暖而轻盈,从而上升;而陆地表面在阳光照射下温度较低时,空气则会变得较冷而密集,下沉。这种温度差异引起的空气流动,形成了强烈的对流活动。这种对流活动是大气运动的一种重要形式,它可以将热量和水汽从地面输送到高空,从而在不同地区形成复杂的天气系统。正是由于这种对流活动的存在,人们才会看到各种类型的极端天气现象,如暴雨、雷暴、台风、龙卷等。这些极端天气不仅会对人类生活产生重大影响,还会对自然环境和生态系统造成破坏。因此,了解和研究地球表面的热力差异及其引起的对流活动,对于预测和应对极端天气具有重要意义。通过深入分析这些现象的成因和演变过程,可以更好地制定防灾减灾措施,保护人类社会和自然环境的安全。

地形的影响。地形对极端天气的发生有着显著的影响。例如,高耸的山脉可以迫使气流上升,这种上升的气流会导致空气中的水汽凝结,形成云团,进而可能引发雷暴等极端天气事件。山脉的存在不仅改变了气流的路径,还可能增强或减弱风暴的强度。此外,山脉的走向和高度也会影响降水的分布,使得一侧的山坡可能经历暴雨,而另一侧则相对干燥。地形的复杂性使得天气模式变得更加多变和不可预测,从而在一定程度上增加了极端天气事件的发生频率和强度。

气候变化的影响。由于气候变化的影响,极端天气事件的频率和强度在全球范围内显著增加。随着地球气温的不断上升,人们已经目睹了越来越多的极端天气现象,如热浪、暴雨、台风和干旱等。这些极端天气事件不仅对自然环境造成了巨大破

坏，还对人类社会和经济发展带来了严重的负面影响。科学家一致认为，如果不采取有效的应对措施，这种趋势将会继续恶化，并对全球生态系统和人类生活产生更加深远的影响。

（二）极端天气景观资源的特点

突发性。极端天气景观资源通常在极短的时间内迅速形成，它们以惊人的速度和力量展现在人们面前，带来了强烈的视觉冲击和深刻的心理震撼。无论是狂风暴雨、电闪雷鸣，还是暴风雪、龙卷等极端天气现象，都能在短时间内展现出大自然的无尽威力，让人们在惊叹之余，也不得不重新审视人类与自然的关系。这些极端天气景观不仅令人敬畏，还常常引发人们对环境保护和气候变化问题的深刻思考。

破坏性。这些自然景观资源在某种程度上具有一定的观赏价值，能够吸引游客前来观赏，丰富人们的视觉体验，但它们的出现往往伴随着自然灾害，如地震、洪水、火山爆发等，这些灾害不仅会对人类社会造成巨大的破坏，还会对自然环境带来严重的负面影响。例如，地震可能会导致建筑物倒塌、人员伤亡、基础设施受损，影响社会的正常运行；洪水可能会淹没农田、村庄，破坏生态环境，导致生物多样性减少；火山爆发则可能产生有毒气体和火山灰，对空气质量和人类健康造成威胁。因此，在欣赏这些景观资源的同时，必须充分认识到它们潜在的危险性，并采取相应的预防和应对措施，以减少它们对人类社会和自然环境的破坏。

稀缺性。由于极端天气事件并不经常发生，能够形成极端天气景观资源的条件相对较为罕见，因此这类资源具有较高的稀缺性。极端天气景观资源的形成需要特定的气候条件和地理环境，这些条件在自然界中并不常见，因此能够看到这些景观的机会也相对较少。正是因为这种稀缺性，极端天气景观资源显得尤为珍贵，吸引了众多游客和摄影师前来观赏和拍摄。无论是壮观的火山爆发、绚丽的极光，还是罕见的龙卷，这些极端天气景观都以其独特的魅力和震撼力，成了人们心中难以忘怀的自然奇观。

持续性。一些极端天气事件可能持续数天甚至数周，给受影响地区带来长期的影响。例如，持续的干旱可能导致地下水位下降、河流流量减少，影响水资源的可持续利用。而持续的高温天气则可能引发热浪，对人类健康和电力供应造成威胁。

二、极端天气景观资源的观赏价值与意义

极端天气景观资源的观赏价值与意义不仅体现在其独特的视觉冲击力上，还在于它们所承载的自然力量和人类情感的共鸣。例如，雷电交加的暴风雨、壮观的火山爆发、绚丽的极光等，这些现象不仅令人震撼，更能引发人们对自然界的敬畏与思考。

极端天气景观资源具有极高的教育价值。通过观赏这些自然奇观，人们可以更直观地了解地球的气候系统和地质活动。例如，龙卷的形成过程和破坏力可以让人

们认识到大气层的复杂性;而海啸的威力则提醒人们海洋与陆地之间的密切联系。这些知识的普及有助于提高公众的科学素养,增强环境保护意识。

极端天气景观资源是文化和艺术创作的重要灵感来源。许多文学作品、电影、音乐和绘画都以这些自然现象为背景或主题,传达出人类对自然力量的敬畏和对生命意义的探索。例如,描绘火山爆发的画作常常象征着毁灭与重生,而极光则常常被赋予神秘和浪漫的色彩。这些艺术作品不仅丰富了人类的文化生活,也促进了不同文化之间的交流与理解。

极端天气景观资源在旅游开发中具有巨大的潜力。许多地方通过开发与极端天气相关的旅游项目,吸引了大量游客前来观赏和体验。例如,冰岛的火山景观和极光观赏之旅已经成为该国旅游业的重要组成部分。通过这些旅游活动,游客不仅能够亲身感受自然的壮丽,还能深入了解当地的生态环境和文化传统,从而促进地方经济的发展。

然而,观赏极端天气景观也需谨慎。由于这些现象往往伴随着巨大的风险和破坏力,因此在观赏和研究过程中必须采取科学和安全的措施。例如,在火山活动频繁的地区,研究人员和游客应遵循当地政府和专业机构的指导,确保自身安全。此外,过度的商业开发可能会对自然景观和生态环境造成破坏,因此在开发过程中应注重可持续发展和生态保护。

三、极端天气景观资源的分类

(一)极端天气景观资源的主要分类

按照形成原因分类。极端天气景观资源主要包括由大气电荷不平衡引起的雷电现象、由强烈上升气流和旋转气流共同作用形成的龙卷、由热带气旋引发的台风、由地面强风和干旱气候共同作用导致的沙尘暴,以及由强对流天气产生的冰雹等。这些自然现象因其壮观和罕见的特性,成了独特的极端天气景观资源。

按照发生频率和持续时间分类。极端天气景观资源主要包括那些在特定季节中频繁出现的极端天气现象。例如,夏季常见的高温热浪、暴雨洪涝,冬季的寒潮和暴风雪,以及春季和秋季可能出现的龙卷和干旱等。这些极端天气现象不仅在特定季节中频繁发生,而且大多持续时间相对较长,对人类生活和自然环境产生了显著的影响。通过对这些极端天气景观资源的分类和研究,可以更好地理解和应对这些极端天气现象,从而减少它们对人类社会和自然环境的负面影响。

按照影响范围和强度分类。极端天气景观资源主要包括那些能够对局部地区或大范围区域产生显著影响的极端天气事件。这些极端天气事件不仅限于局部地区的短暂性天气现象,如暴雨、雷暴、龙卷等,还包括能够影响广泛区域的大型天气系统,如台风、寒潮、干旱和洪水等。这些极端天气事件因其强烈的破坏力和广泛的影响力,常常引起人们的广泛关注和研究。通过对这些极端天气景观资源的分类和研究，可以更好地理解和应对这些极端天气事件带来的挑战，从而采取有效的预防和应对措施，减少其对人类社会和自然环境的负面影响。

按照对人类活动的影响分类。极端天气景观资源主要包括那些对农业、交通、旅游等重要领域产生重大影响的极端天气现象。这些现象包括但不限于暴雨、干旱、高温、寒潮、台风、暴风雪等，它们不仅对农作物的生长、交通的顺畅和旅游的开展带来显著影响，还可能对人类的生命财产安全构成威胁。例如，暴雨可能导致洪水泛滥，淹没农田，影响农作物的正常生长；干旱可能导致水资源短缺，影响农业灌溉和居民生活用水；台风和暴风雪则可能对交通造成严重阻碍，甚至导致交通事故和交通中断。因此，这些极端天气现象在对人类活动产生重大影响的同时，也提醒人类必须加强应对措施，以减轻其负面影响。

按照气象学特征分类。极端天气景观资源主要是依据温度、湿度、风速等关键气象要素的极端值来进行划分的。具体来说，这些极端值包括了极高的温度、极低的温度、极高的湿度、极低的湿度、极强的风速以及极弱的风速等。这些极端气象要素的组合，形成了各种各样的极端天气景观，如酷热的沙漠、寒冷的极地、湿润的热带雨林、干燥的沙漠以及平静无风的晴空等。通过对这些极端气象要素的深入研究和分类，可以更好地理解和利用极端天气景观资源，为人类的生产和生活提供更多的便利和保障。

（二）极端天气景观资源的主要类型分析

1. 热带气旋

热带气旋包括台风、飓风和旋风，是地球上最具破坏力的天气现象之一。它们带来的狂风暴雨、巨浪和风暴潮，常常在沿海地区形成独特的景观。例如，台风登陆时的狂风暴雨、海浪拍岸的壮观场面，以及风暴过后的满目疮痍，都是热带气旋景观的典型代表。

热带气旋景观不仅具有极高的观赏价值，而且在旅游开发方面具有巨大的潜力。通过精心策划和管理，可以将这些自然现象转化为旅游产品，吸引游客前来体验和观赏。例如，可以开发以热带气旋为主题的旅游路线，让游客在安全的前提下，近距离感受热带气旋的壮观和威力。此外，还可以通过虚拟现实技术，为游客提供模拟热带气旋体验的娱乐项目，增加旅游的互动性和趣味性。

在市场营销方面，热带气旋景观可以作为特色旅游资源进行推广。通过制作专题纪录片、举办摄影展览、开发相关旅游纪念品等方式，可以提高公众对热带气旋景观的认识和兴趣。同时，结合气象科普教育，可以增强旅游产品的教育意义，吸引对气象学和自然现象感兴趣的游客群体。通过这些策略，热带气旋景观不仅能够成为旅游目的地的亮点，还能促进当地经济的发展和文化的传播。

2. 干旱与高温

干旱与高温是许多地区常见的极端天气现象。在这些地区，烈日炎炎、土地龟裂、河流干涸等景象,常常令人感受到大自然的严酷和无情。高温干旱地区特有的沙漠景观,如沙漠中的沙丘、仙人掌和沙漠绿洲,也具有独特的魅力。

干旱与高温地区的旅游产品可以围绕沙漠探险、露营体验、星空观测等主题进行设计。通过提供专业的沙漠生存技能课程、组织沙漠越野车赛、安排沙漠摄影活动等方式,吸引冒险和摄影爱好者。此外,沙漠中的绿洲和历史遗迹,如古丝绸之路的遗址,也是吸引游客的重要资源。通过这些活动和资源的开发,干旱与高温景观不仅能够成为旅游目的地的亮点,还能促进当地经济的发展和文化的传播。

3. 寒潮与冰雹

寒潮与冰雹是自然界中极具破坏力的极端天气现象,它们的形成通常与大气环流的异常变化有关。寒潮是指在短时间内冷空气强烈入侵,导致气温急剧下降,造成大范围低温天气的现象。冰雹则是指在强对流天气条件下,云层中的水滴在上升气流的作用下反复上升和下降,最终凝结成冰块,从云层中降落到地面的现象。这两种现象虽然给人类社会带来了一定的负面影响,但同时也为气象旅游资源的开发提供了独特的素材。

在旅游产品开发方面,寒潮与冰雹景观可以作为科普教育的资源,通过建立气象博物馆、开展气象科普讲座和体验活动,让游客了解这些极端天气现象的成因、特点及其对环境的影响。此外,还可以利用这些景观进行摄影比赛、探险活动等,吸引摄影爱好者和探险者。在安全的前提下,组织游客参观冰雹形成的自然过程,或者在寒潮期间安排特殊的户外活动,如冰雕艺术节、冬季运动等,以此来丰富旅游体验。

寒潮与冰雹景观的旅游开发需要特别注意安全问题,因为这些极端天气现象往往伴随着不可预测的风险。因此,相关旅游活动的规划和组织应严格遵循气象安全标准,确保游客的安全。同时,通过科学的管理和合理的规划,可以将这些极端天气现象转化为具有教育意义和娱乐价值的旅游资源,为当地经济的发展和文化的传播做出贡献。

4. 雷暴与闪电

雷暴与闪电是自然界中壮观的气象现象,它们的形成与大气中的不稳定状态、地球表面的热力差异、地形的影响以及气候变化等因素密切相关。雷暴通常伴随着强烈的降水、大风甚至冰雹,而闪电则是大气中电荷分离和重新结合的结果,能够产生耀眼的光芒和巨大的声响。这些现象不仅具有突发性和破坏性,同时也因其稀缺性和持续性而成为旅游开发中的重要资源。

在旅游产品开发方面,雷暴与闪电景观可以作为科普教育的资源,通过建立气象博物馆、开展气象科普讲座和体验活动,让游客了解这些极端天气现象的成因、特点及其对环境的影响。此外,还可以利用这些景观进行摄影比赛、探险活动等,吸引摄影爱好者和探险者。在安全的前提下,组织游客参观雷暴形成的自然过程,或者在特定的季节安排特殊的户外活动,如雷暴观赏旅游、闪电摄影工作坊等,以此来丰富旅游体验。

雷暴与闪电景观的旅游开发需要特别注意安全问题,因为这些极端天气现象往往伴随着不可预测的风险。因此,相关旅游活动的规划和组织应严格遵循气象安全标准,确保游客的安全。同时,通过科学的管理和合理的规划,可以将这些极端天气现象转化为具有教育意义和娱乐价值的旅游资源,为当地经济的发展和文化的传播做出贡献。

5. 龙卷

龙卷同样是一种引人注目的自然现象,它通常形成于强烈对流天气条件下,尤其是在大气层不稳定时。龙卷的形成与多种因素有关,包括地面的热力差异、湿气的上升、风的垂直切变等。这些旋转的气柱能够造成巨大的破坏力,但同时它们的出现也相对罕见,因此具有很高的观赏价值。

在旅游开发方面,龙卷景观可以作为吸引游客的特色资源。通过建立观测站、组织龙卷追踪之旅、开展气象科普教育活动,可以向公众普及龙卷的科学知识,同时提供独特的旅游体验。此外,还可以利用现代技术,如无人机拍摄和实时气象数据监测,为游客提供更安全、更直观的观赏方式。

然而,龙卷景观的旅游开发同样需要重视安全问题。由于龙卷的不可预测性和潜在的破坏力,相关旅游活动必须在专业气象人员的指导下进行,并且要制订紧急应对计划,确保游客的安全。通过科学的规划和管理,龙卷景观可以成为促进当地旅游业发展的重要因素,同时能够提高公众对极端天气现象的认识和应对能力。

6. 台风

台风作为一种强大的热带气旋,其形成与海洋表面的高温、大气层的不稳定状态以及地球自转等因素密切相关。台风的特征包括强风、暴雨和可能引发的风暴潮,这些特点使得台风景观在旅游开发中具有独特的吸引力。台风景观不仅能够提供对极端天气现象的直观体验,还能够成为科普教育和科学研究的重要资源。

在旅游产品开发方面,台风景观可以作为特色旅游资源,通过建立台风博物馆、举办台风科普展览和互动体验活动,向游客展示台风的形成机制、发展过程以及对环境和社会的影响。此外,还可以组织台风观测之旅、台风摄影比赛等,吸引对气象现象感兴趣的游客群体。

然而,台风景观的旅游开发同样需要严格的安全管理措施。由于台风具有极强的破坏力,相关旅游活动的规划和组织必须在专业气象人员的指导下进行,并制定详细的应急预案,确保游客的安全。通过科学的规划和管理,台风景观可以成为促进当地旅游业发展的重要因素,同时能够提高公众对极端天气现象的认识和应对能力。

7. 沙尘暴

沙尘暴是由于干旱和半干旱地区地表植被覆盖度低,加之风力作用强烈,导致大量沙尘被卷入空中,形成的一种天气现象。沙尘暴的形成与多种因素有关,包括地表干燥、风力作用、地形影响以及人类活动等。沙尘暴景观具有突发性、破坏性,同时,由于其对环境和人类活动的影响,也具有一定的研究和观赏价值。

沙尘暴是一种由强风引起的地面沙尘被卷入空中的现象,常见于干旱和半干旱地区。沙尘暴的形成与地表植被的破坏、土壤干燥和强风等因素密切相关。沙尘暴不仅会对当地环境造成严重污染,还会影响交通和人类健康。然而,沙尘暴在一定程度上也具有生态调节作用,例如将营养物质从沙漠地区传输到其他地区。

在旅游产品开发方面,沙尘暴景观可以作为科普教育的资源,通过建立沙尘暴博物馆、开展沙尘暴科普讲座和体验活动,让游客了解沙尘暴的成因、特点及其对环境的影响。此外,还可以利用这些景观进行摄影比赛、探险活动等,吸引摄影爱好者和探险者。在安全的前提下,组织游客参观沙尘暴形成的自然过程,或者在特定的季节安排特殊的户外活动,如沙尘暴观赏旅游、沙尘暴摄影工作坊等,以此来丰富旅游体验。

沙尘暴景观的旅游开发需要特别注意安全问题,因为沙尘暴往往伴随着不可预测的风险。因此,相关旅游活动的规划和组织应严格遵循气象安全标准,确保游客的安全。同时,通过科学的管理和合理的规划,可以将沙尘暴景观转化为具有教育意义和娱乐价值的旅游资源,为当地经济的发展和文化的传播做出贡献。

8. 暴雨与洪水

暴雨与洪水通常发生在特定的气候条件下,如持续的强降雨或融雪导致河流水位迅速上升时。这些景观的形成与地形地貌、气候条件以及人类活动等因素紧密相关。暴雨与洪水不仅会对自然环境造成影响,还可能对人类社会产生重大影响,包括财产损失、交通中断甚至生命安全的威胁。

在旅游产品开发方面,暴雨与洪水景观可以作为自然现象的展示,通过建立相关的科普教育基地或开展洪水模拟体验活动,让游客了解暴雨与洪水的形成机制、影响以及应对措施。同时,可以组织洪水防御演练、洪水历史回顾展览等,增强公众对极端天气事件的防范意识和应对能力。

然而,暴雨与洪水景观的旅游开发同样需要高度关注安全问题。由于这些景观可能带来风险,相关旅游活动的规划和组织必须在充分评估风险的基础上进行,并制定周密的安全预案。此外,应通过科学的规划和管理,确保游客在安全的环境下观赏这些自然现象,同时提高公众对气候变化和环境保护的认识。

暴雨与洪水景观的旅游开发,除了能提供教育和科普价值外,还可以促进当地旅游业的发展,带动相关产业链的经济增长。通过合理规划和科学管理,可以将这些景观转化为具有教育意义和经济价值的旅游资源,为当地社区的可持续发展做出贡献。

四、极端天气景观资源的空间分布

极端天气景观资源在全球范围内呈现出独特的空间分布特征。这些景观资源主要包括台风、龙卷、暴雨、干旱、高温、寒潮等极端天气现象。由于地球气候系统的复杂性,这些极端天气现象在不同地理位置的发生频率、强度和持续时间都有显著差异。

首先,台风、飓风主要集中在西北太平洋、东北太平洋和大西洋西部等热带海域。这些区域的海水温度较高,为台风、飓风的生成提供了充足的能量。台风、飓风登陆后,常常带来狂风暴雨,形成壮观的自然景观。例如,美国的佛罗里达半岛和中国的东南沿海地区,都是台风、飓风频发的区域。

其次,龙卷主要出现在中纬度地区,尤其是美国中部的"龙卷走廊"。每年春夏之交,这一区域的对流活动频繁,容易形成强烈的垂直风切变,为龙卷的生成提供了有利条件。龙卷所到之处,常常伴随着剧烈的旋转风和破坏力极强的气流,形成独特的自然景观。

再次,暴雨和干旱则在全球范围内分布较为广泛。暴雨多发生在季风气候区和热带雨林区,如印度的孟加拉湾沿岸和南美洲亚马孙河流域。这些地区雨量大,暴雨频发,常常引发洪水和滑坡等地质灾害。干旱则多见于副热带高压控制的区域,如非洲撒哈拉沙漠周边地区和澳大利亚内陆。干旱期间,土地龟裂、植被枯萎,形成一片荒凉的景象。

最后,高温和寒潮主要受地理位置和季节变化的影响。高温多见于赤道附近的低纬度地区,如撒哈拉沙漠和中东地区。这些区域全年气温较高,夏季极端高温现象尤为显著。寒潮则多发生在高纬度地区,如俄罗斯西伯利亚和加拿大北部。冬季,寒潮带来的低温和强风,常常使这些地区陷入严寒之中。

综上所述,极端天气景观资源在全球范围内呈现出多样化的空间分布特征。这些景观资源不仅具有极高的观赏价值,还对人类社会和自然环境产生了深远的影响。合理开发和利用这些资源,可以为旅游业和科学研究提供新的机遇。同时,加强对极端天气现象的监测和预警,也是保护人类生命财产安全的重要手段。

第七节 奇特天象景观资源

一、奇特天象景观资源的成因与特点

奇特天象景观资源是指那些在自然界中罕见且具有极高观赏价值的天文现象。这些景观的形成往往与地球的自转、公转,大气层的折射和反射等多种因素密切相关。它们不仅为人类提供了难得的视觉盛宴,还为科学研究提供了丰富的素材。

(一)奇特天象景观资源的成因

地球自转与公转。地球的自转和公转是形成许多奇特天象景观的基础。例如,正是因为地球自转，才能在一天之内经历白天和黑夜的交替，感受到太阳从东方升起，逐渐升高，最后在西方落下。这种自转运动不仅带来了昼夜的变化，还导致了地球表面不同纬度地区的昼夜时长差异。此外，地球的公转也是形成诸多自然现象的关键因素。地球在围绕太阳公转的过程中，由于其轨道呈椭圆形和倾斜的地轴，导致了四季的变替。四季的变替与地球在公转轨道上的位置变化密切相关。当地球处于公转轨道的不同位置时，太阳光的照射角度和强度会发生变化，从而影响到不同地区的气候和温度。例如，当北半球处于夏季时，太阳光直射北回归线，导致北半球气温升高，形成炎热的夏季；当北半球进入冬季时，太阳光则斜射南半球，北半球接收到的阳光减少，气温下降，形成寒冷的冬季。正是这些复杂的天文运动共同作用于地球，形成了丰富多彩的自然景观和季节变化。

大气层的折射与反射。大气层对光线的折射和反射作用在许多奇特天象景观的形成中起到了至关重要的作用。例如，彩虹的出现就是阳光穿过雨滴时发生折射和反射的结果。当阳光穿过雨滴时，光线会经过多次折射和反射，最终在雨滴的另一侧以特定的角度射出，形成五彩斑斓的光带。这种现象的出现需要特定的天气条件，即阳光、雨滴和观察者的位置必须恰到好处。极光则是另一种由大气层折射和反射作用形成的奇特天象。极光的形成与太阳风中的带电粒子密切相关。太阳风是由太阳释放的带电粒子流，这些带电粒子在进入地球磁场时会受到引导，向地球的两极聚集。当这些带电粒子与地球磁场相互作用，并与大气层中的气体分子发生碰撞时，会激发气体分子发光，从而形成绚丽多彩的极光。极光通常出现在地球的高纬度地区，如北极和南极，因此也被称为北极光和南极光。这种天气景观的出现不仅需要活跃的太阳风，还需要地球磁场和大气层的共同作用。

月球与太阳的相互作用。月球的引力对地球潮汐的影响，以及月食和日食的形成，都与太阳和月球之间的相互作用密切相关。每当月球绕地球运行时，其引力都会对地球上的海洋产生拉扯作用，从而引起潮汐现象。这种潮汐现象不仅在海洋中表现明显，还在一些内陆湖泊中能观察到微弱的潮汐变化。而日食和月食的出现，则是太阳、地球和月球三者之间精确排列的结果。当月球运行到地球与太阳之间时，如果三者处于一条直线上，月球就会遮挡住太阳的光线，形成日食；当地球位于太阳与月球之间时，地球的阴影会投射到月球上，形成月食。这两种天文现象不仅令人惊叹，还具有重要的科学研究价值。科学家通过观测和研究日食和月食，可以获取关于太阳、月球和地球运动的宝贵数据，进一步了解宇宙的奥秘。

(二)奇特天象景观资源的特点

罕见性。奇特天象景观通常因其罕见性而显得格外引人注目。例如，日全食和日环食这两种壮观的天文现象，在特定的地理位置上可能数十年甚至上百年才会出现一次。这种罕见性不仅赋予了这些天象景观一种神秘的色彩，还极大地增强了人们对它们的期待和兴趣。每当这些罕见的天象出现时，无数天文爱好者和科学家都会争相前往最佳观测地点,希望能够目睹这一难得的自然奇观。正是因为这种罕见性,每一次的日全食或日环食都成了一次难得的科学和文化盛事,吸引了全球的关注和讨论。

观赏性。许多奇特的天象景观,如流星雨、日晕和极光等,都具有极高的观赏价值。无论是夜空中划过的流星雨,还是太阳周围那神秘的日晕,抑或是极地天空中绚烂的极光,它们的美丽和壮观都令人叹为观止,仿佛是大自然赋予的无尽奇迹。这些景观不仅为人们提供了视觉上的享受,让人们在繁忙的生活中找到片刻的宁静和美好,还激发了人们对自然美的热爱和探索欲望,让人们渴望更深入地了解这些奇妙现象背后的科学原理和自然规律。

独特性。奇特天象景观资源的独特性体现在它们的形成条件和表现形式上。例如,极光的形成需要特定的地理纬度和太阳活动条件,而流星雨则与彗星或小行星的碎片进入地球大气层有关。这些独特的形成机制造就了每种天象景观独一无二的视觉效果和体验,使得每一次观测都成为一次独特的探索之旅。人们在欣赏这些天象时,不仅能够体验到自然界的壮丽,还能感受到科学探索的奥秘和乐趣。

科学性。奇特天象景观资源的独特性不仅体现在其形成条件和表现形式上,还体现在它们所蕴含的科学价值上。例如,日食和月食的观测可以提供关于太阳、月球和地球运动的宝贵数据,有助于科学家研究天体物理学和宇宙学。流星雨的观测则有助于了解太阳系内小天体的分布和运动规律。这些天象景观不仅为公众提供了欣赏自然美的机会,也为科学研究提供了重要的观测窗口,促进了科学知识的普及和科学精神的传播。

二、奇特天象景观资源的旅游价值与意义

奇特天象景观资源,如日食、月食、流星雨、极光等,不仅令人叹为观止,还具有极高的旅游价值与意义。这些自然奇观不仅为旅游者提供了难得的观赏机会,还为旅游业带来了巨大的经济效益和文化价值。

观赏旅游价值。奇特天象景观资源的观赏性极强,能够吸引大量游客。例如,日全食期间,全球各地的天文爱好者和普通游客都会蜂拥而至,只为一睹这短暂而壮丽的天象奇观。这种集中的人流不仅带动了当地旅游业的发展,还促进了相关产业,如酒店、餐饮、交通等的繁荣。

科普教育价值。奇特天象景观资源具有重要的科普教育意义。通过组织天象观测活动,可以激发公众对天文学和自然科学的兴趣,提高科学素养。许多天文馆和科学中心会利用这些天象资源举办讲座和展览,普及天文知识,培养青少年的科学探索精神。

文化价值。奇特天象景观资源具有独特的文化价值。许多天象在不同文化和历史背景下被赋予了特殊的象征意义。例如,中国古代将日食视为天象异变,认为

是上天对人间的警示。通过观赏和研究这些天象，游客不仅能了解自然科学知识，还能深入了解不同文化背景下的历史和传统。

可持续发展价值。奇特天象景观资源的旅游开发还能促进环境保护和可持续发展。许多天象景观的最佳观赏地点往往位于偏远的自然保护区或国家公园内。为了保护这些珍贵的自然资源，当地政府和旅游机构会采取一系列环保措施，如限制游客数量、推广绿色出行等，从而推动旅游业的可持续发展。

三、奇特天象景观资源的分类

（一）奇特天象景观资源的主要分类

按照天象景观的自然属性分类。奇特天象景观资源主要包括日食、月食、流星雨。这些现象因其独特性和罕见性，常引起广泛关注。日食发生时，月球遮挡太阳，造成地球上的阴影；月食时则是地球遮挡太阳光线，使月球出现阴影。流星雨是大量流星同时出现形成的壮观景象。这些天象不仅观赏价值高，还对天文学研究有重要意义。

按照天象景观的观赏价值分类。奇特天象景观资源包括罕见的自然现象，如北极光和南极光，它们由太阳风与地球磁场作用产生。北极光常见于北极圈附近，南极光则在南极圈附近。这些极光因其色彩和形态吸引众多天文爱好者和摄影师。日晕和月华也是重要的天象资源。日晕是太阳周围的彩色或白色光环，预示天气变化。月华是月亮周围的彩色光环，给人宁静神秘感。这些天象不仅观赏价值高，还有助于科学家理解大气层结构和太阳、地球相互作用，是宝贵的研究资料。

按照天象景观的科学与教育价值分类。奇特天象景观资源，如日出日落、四季更替、潮汐等，具有科学和教育价值。它们不仅壮观，而且有助于理解地球与太阳的关系、季节变化的原因以及天体引力对地球的影响。这些现象为科学教育提供了生动的案例，帮助人们认识自然界的奥秘。

按照天象景观的市场潜力分类。奇特天象景观资源，如流星雨和日全食观测活动，因其独特性和罕见性，具有巨大市场潜力。这些活动吸引着天文爱好者和游客，如流星雨观测通常在特定期间进行，而日全食观测旅游则在日全食发生时组织。这些资源为天文观测提供机会，同时促进旅游业增长。

按照天象景观的地域性分类。奇特天象景观资源主要包括那些在特定地区独有的天象奇观。这些天象奇观往往因其独特性和罕见性而备受关注，例如极光、沙漠中的海市蜃楼、热带地区的流星雨以及某些特定纬度才能观测到的日食和月食等。这些现象不仅为当地增添了神秘色彩，也吸引了来自世界各地的游客和天文爱好者前来观赏和研究。通过对这些奇特天象景观资源的开发和保护，不仅可以促进当地旅游业的发展，还能增强人们对自然现象的认识和保护意识。

按照天象景观的季节性分类。春季的天象包括樱花盛开和流星雨，分别象征着大地的复苏和宇宙的奥秘。樱花的粉嫩花瓣随风摇曳,流星雨则在夜空中划过,讲述着宇宙的故事。夏季则以极光为特色,北极光和南极光在高纬度夜空舞动,形成绚丽的光带,宛如自然界的画卷。这些季节性天象不仅美化了人们的视野,也记录了自然界时间的流转。

(二)奇特天象景观资源的主要类型分析

1. 声雨

声雨是一种罕见的自然现象,它并非真正的降雨,而是由远处雷声或其他声波在特定的大气条件下传播而形成的类似雨声的声响。这种现象通常发生在山区或丘陵地带,当声波在山谷间反射或折射时,会产生一种类似雨滴落在地面上的连续声响。声雨的出现往往伴随着天气变化,有时预示着即将来临的降雨或风暴。尽管声雨本身并不会带来实际的降水,但它却能为人们提供一种独特的听觉体验,仿佛大自然在用它独特的方式与人类沟通。

在旅游开发方面,声雨现象可以作为一种特殊的旅游资源进行开发。由于其独特性和罕见性,可以吸引那些对自然现象充满好奇的游客,尤其是那些喜欢探险和体验自然奇观的旅游者。旅游开发者可以设计特定的旅游路线和体验活动,让游客在安全的条件下亲身体验声雨现象,例如,在声雨多发的山区或丘陵地带设置观景台或听音站,提供声雨发生时的解说服务,甚至可以结合声雨现象开发夜间旅游项目,让游客在夜晚的宁静中感受声雨带来的独特听觉体验。

在市场营销方面,声雨现象可以作为旅游目的地的特色吸引物进行宣传推广。通过制作声雨现象的视频、音频资料,以及在社交媒体上分享游客的亲身体验,可以有效提升旅游目的地的知名度和吸引力。此外,还可以通过举办声雨节、声雨摄影比赛等活动,增加旅游产品的多样性和参与性,从而吸引更多的游客。通过这些营销策略,声雨现象不仅能够成为旅游目的地的亮点,还能够促进当地经济的发展,实现旅游与自然环境保护的双赢。

2. 时钟雨

时钟雨是指在某些特定地区,降雨似乎遵循着某种规律性的时间表,就像时钟一样准时。这种现象在热带雨林或某些沿海地区较为常见,这些地区的气候条件相对稳定,使得降雨模式呈现出一定的周期性。例如,在某些热带雨林中,每天下午都会准时下一场短暂的阵雨,仿佛是大自然的时钟在提醒人们时间的流逝。时钟雨的存在为当地居民的生活带来了便利,他们可以根据降雨规律安排日常活动,如耕种、出行等。

时钟雨是一种罕见的气象现象,通常发生在特定的地理和气候条件下。它得名于雨滴在空中形成类似时钟指针的图案,这种现象往往伴随着雷暴或强对流天气。时钟雨的出现不仅为气象学家提供了研究大气动力学的宝贵机会,也为公众提供了独特的视觉体验。

在旅游开发方面,时钟雨可以作为一种特殊的自然景观资源进行宣传和利用。通过建立观测站或观景台,游客可以在安全的环境下观赏这一自然奇观,同时结合科普解说,提升游客的科学素养和环保意识。此外,时钟雨的观赏性使其成为摄影爱好者和自然探险者的理想选择,有助于推动当地旅游业的发展。

在市场营销方面,时钟雨现象可以作为特色旅游产品进行推广。通过制作高质量的宣传视频和图片,结合社交媒体的传播力量,可以吸引更多的游客关注和参与。同时,举办以时钟雨为主题的摄影比赛或文化节等活动,可以进一步丰富旅游产品的多样性,提高旅游目的地的吸引力。

综上所述,时钟雨作为一种奇特的天象景观资源,不仅具有科学研究价值,还具有旅游开发和市场营销的巨大潜力。

3. 佛灯

佛灯,又称佛光,是一种在特定条件下出现在山峰或云层背后的光晕现象。这种现象通常发生在日落或日出时分,当阳光穿过云层中的水滴或冰晶时,会发生折射和反射,形成一个巨大的光环,光环中央通常会出现观察者的影子。佛灯被认为是祥瑞之兆,常被人们视为神灵的庇佑。在佛教文化中,佛灯象征着智慧和慈悲,常常出现在寺庙的壁画和雕塑中,提醒信徒要心怀善念,追求精神的升华。

佛灯是出现于山中深谷里星星点点的萤光,满足一定气象条件后飞腾起来的景象。需满足的四个气象条件:雨后初晴、天空没有明月、山下没有云层、山顶没有大风大雨。实例:峨眉佛灯。

佛灯现象不仅在宗教文化中具有深远的意义,它也吸引了众多自然爱好者和摄影师。由于其出现的条件较为特殊,因此观赏佛灯成了一种难得的体验。在旅游开发方面,可以将佛灯作为特色景观资源进行宣传和利用。通过建立观测点和提供科学的解说服务,可以吸引游客在特定的季节和天气条件下前来观赏这一自然奇观,同时提升他们的科学素养和对自然美的欣赏能力。

此外,佛灯现象的神秘色彩和文化内涵使其成为摄影和艺术创作的灵感来源。可以举办以佛灯为主题的摄影比赛或艺术展览,吸引更多的艺术爱好者和游客参与,从而丰富旅游产品的多样性,提高旅游目的地的吸引力。同时,这些活动的举办,也有助于推广当地的文化和旅游资源,促进旅游业的可持续发展。

四、奇特天象景观资源的空间分布

奇特天象景观资源的空间分布具有显著的地域性特征。由于地球自转、公转以及大气层的复杂变化,不同地区的天象景观呈现出独特的多样性。例如,极光主要出现在高纬度地区,包括北极圈和南极圈附近的国家,如挪威、冰岛、加拿大和新西兰等。这些地区的夜空常常被绚丽多彩的极光所覆盖,成为摄影爱好者和天文学家的"天堂"。

赤道附近。在赤道附近,由于地球自转轴的倾斜,全年几乎无极昼和极夜现象,但这里却能观测到日全食和日环食等罕见天象。例如,亚洲的印度尼西亚、非洲的加蓬和刚果等,是观测日食的最佳地点之一。此外,赤道附近的国家还常常能欣赏到银河系中心的壮丽景象,因为这里地平线上的星星数量最多,星空最为璀璨。

沙漠地区。沙漠地区由于其干燥的气候和开阔的视野,成为观测流星雨和彗星的理想场所。例如,撒哈拉沙漠和阿拉伯沙漠等,每年都会吸引大量天文爱好者前来观赏狮子座流星雨、双子座流星雨等。沙漠地区的星空清澈透明,几乎没有光污染,使得这些天象景观更加壮观。

特定地理环境。一些特定的地理环境也会形成独特的天象景观。例如,中国的黄山、美国的科罗拉多大峡谷等,由于其独特的地形地貌,常常会出现云海、佛光等自然奇观。这些景观在特定的天气条件下,与日出、日落等相结合,形成一幅幅令人叹为观止的画面。

总之,奇特天象景观资源的空间分布具有明显的地域性特征,不同地区的自然环境和气候条件造就了各具特色的天象景观。无论是极光、日食、流星雨,还是云海、佛光,这些自然奇观都为人类提供了无尽的探索和欣赏的机会。

第四章 气候环境资源

第一节 气候养生资源

一、气候养生资源的成因与特点

气候养生资源是指在特定的气候条件下,对人体健康具有积极影响的自然环境因素。这些资源主要包括温度、湿度、气压、风速、日照、空气质量等气候要素。它们对人体的作用主要体现在调节生理机能、增强免疫力、缓解疾病症状等方面。

(一)气候养生资源的成因

地理位置与地形。气候养生资源的形成与地理位置和地形密切相关。例如,高山、海滨、森林等不同地形会形成独特的气候环境。高山地区因海拔较高、气温较低、空气清新、负氧离子含量高,适合呼吸系统疾病的康复;海滨地区则因海风调节,湿度适中、盐分含量高,有助于皮肤病的治疗和康复。

季节变化。不同季节的气候特征也会影响气候养生资源的形成。春季温暖湿润,有利于舒缓关节疼痛;夏季高温多雨,可以促进新陈代谢;秋季凉爽干燥,有助于呼吸系统疾病的康复;冬季寒冷干燥,适合进行温补养生。

大气环流。大气环流带来的不同气团也会对气候养生资源产生影响。例如,海洋性气团带来的湿润气候有利于心血管疾病的康复,而大陆性气团带来的干燥气候则有助于缓解风湿性关节炎的症状。

(二)气候养生资源的特点

多样性。气候养生资源具有多样性,不同地区的气候条件各异,形成了多种多样的养生环境。例如,热带雨林气候、温带海洋性气候、高原气候等,各有其独特的养生优势。

季节性。许多气候养生资源具有明显的季节性特征。例如,春季的花粉浴、夏季的海滨疗养、秋季的森林浴、冬季的温泉疗养等,都是利用季节性气候特点进行养生的典型例子。

地域性。气候养生资源的地域性特征非常明显。不同地区的气候条件决定了其养生资源的独特性。例如,高海拔地区的高山气候养生资源、沿海地区的海滨气候养生资源等,各有其独特的养生效果。

可持续性。气候养生资源具有可持续利用的特点。只要气候条件保持稳定,这些资源就可以长期为人类健康服务。然而,气候变化和环境破坏可能对这些资源产生负面影响,因此,需要合理开发和保护。

二、气候养生资源的旅游价值与意义

气候养生资源的旅游价值与意义在于,其独特的自然条件和环境优势,为人们提供了多样化的养生旅游体验。首先,气候养生旅游能够满足人们对健康生活方式的追求。在现代社会,人们越来越重视身体健康和心理健康,而气候养生旅游恰好提供了一个远离城市喧嚣、回归自然的绝佳机会。清新的空气、宜人的温度、丰富的负氧离子等自然条件,有助于缓解压力、改善睡眠质量,从而达到养生保健的效果。

气候养生旅游具有丰富的文化内涵。许多气候养生胜地不仅拥有得天独厚的自然环境,还蕴含着深厚的历史文化底蕴。例如,温泉度假村往往与当地的历史传说、民俗风情紧密相连,游客在享受养生温泉的同时,还能体验到独特的地域文化,从而获得身心的双重滋养。

气候养生旅游有助于推动地方经济发展。许多气候养生资源丰富的地区,往往地理位置较为偏远,经济发展相对滞后。通过开发气候养生旅游项目,可以带动当地基础设施建设、促进就业、提高居民收入,从而实现经济的可持续发展。同时,气候养生旅游还能吸引国内外游客,提升地方知名度,增强区域竞争力。

气候养生旅游具有重要的社会意义。随着人们生活水平的提高,对健康和养生的需求也日益增长。气候养生旅游不仅能够满足人们的这一需求,还能促进社会和谐与稳定。通过提供多样化的养生旅游产品和服务,可以满足不同年龄、不同需求的游客,从而增强社会的凝聚力和幸福感。

三、气候养生资源的分类

(一)气候养生资源的主要分类

按照地理位置与地形特征分类。气候养生资源可以分为山地气候养生、海滨气候养生、森林气候养生等类型,每种类型都具有独特的气候特征和养生效果。

按照季节变化分类。气候养生资源可以分为四季养生型、夏季避暑型、冬季温暖型等,以适应不同季节的养生需求。

按照大气环流特点分类。气候养生资源可以分为季风气候养生、海洋性气候养生、大陆性气候养生等,每种气候类型对人的健康和养生都有不同的影响。

按照可持续性特点分类。气候养生资源可以分为可持续利用型和非可持续利用型,强调在开发和利用气候养生资源时,应注重资源的长期保护和合理利用。

按照地域分布分类。气候养生资源可以分为城市气候养生资源、乡村气候养生资源、山地气候养生资源、海洋气候养生资源等,不同地域的气候养生资源具有不同的特点和优势。

(二)气候养生资源的主要类型分析

1. 温度养生资源

温度养生资源在日常生活中扮演着至关重要的角色,因为温度是影响人体健康的一个关键因素。适宜的温度环境不仅能够促进人体的新陈代谢,还能有效增强人的免疫力,从而帮助机体更好地抵御各种疾病。温度资源主要可以分为两大类:热气候资源和冷气候资源。热气候资源适用于寒性体质的人群,有助于驱寒保暖;冷气候资源则适合热性体质的人群,有助于消暑降温。

热气候资源,顾名思义,是指那些温暖或炎热的气候条件。这种资源特别适合那些体质偏寒的人群,因为温暖的气候可以帮助他们驱散体内的寒气,提供必要的保暖效果,从而改善他们的健康状况。而冷气候资源则恰好相反,它指的是那些凉爽或寒冷的气候条件。这种资源更适合那些体质偏热的人群,因为凉爽的气候可以帮助他们消暑降温,缓解体内的热气,从而达到养生的效果。

无论是热气候资源还是冷气候资源,合理利用这些温度资源,都能在很大程度上改善人的身体健康状况,提高生活质量。因此,了解自己的体质,并根据自己的需求选择合适的温度环境,是养生过程中不可忽视的重要环节。通过科学的温度养生,可以更好地调节身体机能,保持健康状态,享受更加美好的生活。

2. 湿度养生资源

湿度对人体的舒适度和健康也有很大影响。过高或过低的湿度都会对身体造成不适。湿度资源可以分为高湿气候资源和低湿气候资源。高湿气候资源适合干燥性体质的人群,有助于润肺止咳;低湿气候资源则适合湿热体质的人群,有助于祛湿解毒。

高湿气候资源主要指的是那些空气湿度较高的地区,这些地区的湿度条件适合于干燥性体质的人群。在高湿度的环境中,干燥性体质的人可以更好地润肺止咳,缓解因干燥引起的不适症状。而低湿气候资源则主要指的是那些空气湿度较低的地区,这些地区的湿度条件适合于湿热体质的人群。在低湿度的环境中,湿热体质的人可以有效地祛湿解毒,减轻因湿热引起的不适症状。

因此,根据个人体质的不同,选择适宜的湿度环境进行养生,可以更好地发挥湿度资源的健康效益。无论是选择高湿气候资源还是低湿气候资源,关键在于根据自身的需求和体质特点,合理利用湿度资源,从而达到养生保健的目的。通过科学地调节和利用湿度,可以更好地维护身体健康,提高生活质量。

3. 阳光养生资源

阳光中的紫外线具有杀菌和促进维生素D生成的作用,对人体健康至关重要。阳光资源可以分为阳光充足地区和阳光稀缺地区。阳光充足地区适合缺乏阳光照射的人群,有助于改善情绪和增强骨骼;阳光稀缺地区则适合阳光过敏或需要静养的人群,有助于避免紫外线伤害。

阳光养生资源的利用方式多样,可以结合旅游活动进行。例如,在阳光充足地区,可以开发日光浴、沙滩运动等旅游项目,让游客在享受阳光的同时进行身体锻炼,提升旅游体验。在阳光稀缺地区,则可以设计室内阳光房、模拟阳光疗法等项目,为游客提供一个安全舒适的环境,让他们在不直接接触强烈阳光的情况下,也能享受到阳光带来的益处。此外,阳光养生资源的开发还应考虑季节性变化,合理安排旅游活动,以适应不同季节的阳光条件,确保游客能够获得最佳的养生效果。

4. 空气养生资源

空气质量直接影响人体健康。空气资源可以分为清新空气资源和富含负氧离子的空气资源。清新空气资源适合生活在污染较重地区的人群,有助于改善呼吸系统疾病;富含负氧离子的空气资源则适合需要增强心肺功能的人群,有助于缓解疲劳和提高免疫力。

空气养生资源的开发与利用应考虑环境的可持续性,合理规划空气养生旅游项目,以调节和改善空气质量。例如,可以在空气质量优良的地区建立空气养生基地,开展森林浴、高山呼吸等项目,让游客在享受清新空气的同时,进行身体锻炼和放松身心。同时,应加强空气养生资源的科学研究,评估空气养生对不同人群的健康效益,为旅游产品和服务的开发提供科学依据。此外,空气养生资源的开发还应注重环保教育,提高公众对空气质量保护的意识,促进社区参与和环境治理,共同维护空气养生资源的可持续利用。

5. 风养生资源

风力和风向对气候养生也有着不可忽视的影响。风资源可以细分为微风资源和无风资源两大类。微风资源,顾名思义,是指那些风力较弱的风资源,这种资源适合那些需要通风换气的人群。微风可以有效地调节体温,促进血液循环,让人感到清爽舒适。而无风资源则指的是那些风力极小或几乎无风的状态,这种环境适合那些需要静养和避免风寒侵袭的人群。无风的环境有助于保持体温稳定,避免因风寒引起的不适,从而为身体提供一个温暖而舒适的养生环境。

通过对风养生资源的合理分类和充分利用,人们可以根据自身的健康状况和具体需求,选择最适合自己的风环境进行养生保健。例如,对于那些容易出汗或需要改善体内循环的人来说,微风资源是一个不错的选择;而对于那些体质较弱、容易受凉或需要静养的人来说,无风资源则更为适宜。通过选择适宜的风养生资源,人们可以有效地增强体质、预防疾病、延缓衰老,从而达到延年益寿的目的。总之,合理利用风力和风向等气候养生资源,对于提升生活质量、促进身心健康具有重要意义。

6. 避暑气候资源

避暑气候资源是指那些夏季凉爽宜人的地区,这些地方通常海拔较高或靠近海洋,气温相对较低,湿度适中。避暑气候资源适合那些在炎热夏季容易中暑或心脑血管疾病加重的人群,有助于降低体温、缓解热感和减轻心脏负担。在避暑地区,人们可以享受到清凉的空气和宜人的环境,从而提高生活质量,减少夏季高温带来的不适。

避暑气候资源的开发与利用,不仅能够为人们提供一个舒适的避暑胜地,还能带动当地旅游业的发展,促进经济的增长。例如,一些山区和沿海城市,通过打造避暑旅游品牌,吸引游客前来避暑度假,从而带动当地住宿、餐饮、交通等相关产业的发展。此外,避暑气候资源的合理利用,还能促进环境保护和生态平衡,因为这些地区往往拥有丰富的生物多样性和优美的自然风光,是开展生态旅游和户外活动的理想场所。因此,科学规划和管理避暑气候资源,不仅能够满足人们对于健康和舒适生活环境的追求,还能为社会经济和环境的可持续发展做出贡献。

7. 避寒气候资源

避寒气候资源是指那些冬季温暖或寒冷程度较低的地区,这些地方通常位于低纬度或沿海地区,冬季气温相对较高。避寒气候资源适合那些在寒冷冬季容易出现关节疼痛或呼吸系统疾病加重的人群,有助于减轻寒冷对身体的刺激,改善血液循环。在避寒地区,人们可以享受到温暖的阳光和舒适的气候,从而提高冬季的生活质量,减少寒冷带来的不适。

避寒气候资源的开发与利用,同样能够为人们提供一个舒适的冬季休闲胜地,促进当地旅游业的发展。例如,一些热带岛屿和沿海城市,通过打造避寒旅游品牌,吸引游客前来享受温暖的冬季,从而带动当地住宿、餐饮、交通等相关产业的发展。此外,避寒气候资源的合理利用,还能促进环境保护和生态平衡,因为这些地区往往拥有丰富的生物多样性和优美的自然风光,是开展生态旅游和户外活动的理想场所。因此,科学规划和管理避寒气候资源,不仅能够满足人们对健康和舒适生活环境的追求,还能为社会经济和环境的可持续发展做出贡献。

8. 四季如春气候资源

四季如春气候资源是指那些四季不分明但温度适中、气候宜人的地区。这些地方通常具有温和的气候和适宜的湿度,四季变化不大,非常适合居住和养生。四季如春气候资源适合那些对气候敏感、容易受季节变化影响的人群,有助于保持身体的稳定和舒适。在四季如春的地区,人们可以享受到四季常绿的自然景观和宜人的气候,从而提高生活质量,减少季节变化带来的不适。

四季如春气候资源的开发与利用,可以为人们提供一个理想的居住和休闲环境。例如,一些山区和沿海城市,通过打造四季如春的旅游品牌,吸引游客前来体验宜人的气候和自然风光,从而带动当地旅游业及相关产业的发展。此外,四季如春气候资源的合理利用,还能促进环境保护和生态平衡,因为这些地区往往拥有丰富的生物多样性和优美的自然风光,是开展生态旅游和户外活动的理想场所。因此,科学规划和管理四季如春气候资源,不仅能够满足人们对于健康和舒适生活环境的追求,还能为社会经济和环境的可持续发展做出贡献。

四、气候养生资源的空间分布

温带地区。温带地区气候养生资源丰富、四季分明、夏季凉爽、冬季温和,适合开发避暑和避寒气候资源。这些地区通常拥有良好的空气质量、适宜的湿度,以及丰富的自然景观,为气候养生提供了良好的条件。例如,欧洲的阿尔卑斯山区和亚洲的日本北海道,都是著名的避暑和避寒胜地。

热带地区。热带地区气候养生资源以避寒为主,全年温暖,适合开发避寒气候资源。热带雨林和海岛风光为这些地区增添了独特的魅力,吸引了大量寻求温暖气候和自然美景的游客。例如,东南亚的巴厘岛和普吉岛,都是热带气候养生旅游的热门目的地。

亚热带地区。亚热带地区气候养生资源兼具避暑和避寒的特点,夏季凉爽、冬季温和、四季分明,适合开发四季如春气候资源。这些地区通常拥有宜人的气候和丰富的文化资源,为气候养生旅游提供了多样化的选择。例如,中国的云南和美国的加利福尼亚州,都是亚热带气候养生旅游的理想选择。

高原地区。高原地区气候养生资源以避暑为主,夏季凉爽、空气清新、阳光充足,适合开发避暑气候资源。高原地区特有的自然景观和民族文化,为气候养生旅游增添了独特的体验。例如,中国的西藏和非洲的埃塞俄比亚高原,都是高原气候养生旅游的热门地点。

森林地区。森林地区气候养生资源丰富,得益于其茂密的植被和清新的空气。森林地区通常拥有较低的气温和较高的湿度,为游客提供了一个天然的避暑胜地。此外,森林中的负氧离子含量高,对人的呼吸系统和心血管系统有显著的健康益处。森林地区还常常是野生动植物的栖息地,为游客提供了接触自然和学习生态知识的机会。例如,北美洲的落基山脉和欧洲的黑森林,都是森林气候养生旅游的优选地。

河流地区。河流地区的气候养生资源主要体现在其独特的水文气候条件上。由于河流的流动性和流域的广阔性,河流地区往往拥有湿润的气候和适宜的温度,为人们提供了良好的气候养生环境。河流地区四季分明、夏季凉爽、冬季温和,且空气湿润,对人的呼吸系统和心血管系统有良好的保健作用。此外,河流地区丰富的水资源和多样的生物群落,为游客提供了接触自然、放松身心的机会。河流地区气候养生资源的旅游价值与意义在于,它不仅能够吸引寻求健康养生的游客,还能够促进当地经济的发展,提升旅游目的地的吸引力。河流地区通常风景优美,是摄影、绘画等艺术创作的绝佳场所,能够激发人们的艺术灵感。同时,河流地区也是开展科普教育和生态旅游的理想地点,有助于提高公众对环境保护的认识和参与度。

第二节 气候体验资源

一、气候体验资源的成因与特点

气候体验资源是指那些能够让人直接感受到特定气候特征的自然环境和现象。这些资源通常包括温度、湿度、风力、降水、日照等气候要素,以及由此形成的独特景观和生态系统。它们的成因与特点主要体现在以下几个方面。

(一)气候体验资源的成因

地理位置影响。地球上的不同地理位置决定了其接受太阳辐射的强度和角度,从而形成了不同的气候类型。例如,赤道地区由于太阳直射,气温高且降水充沛;而极地地区则因太阳辐射角度低,气温低且降水较少。

大气环流影响。大气环流模式对气候体验资源的形成具有重要影响。信风、季风、洋流等都会带来不同的气候特征,如湿润、干燥、温暖或寒冷。

地形地貌影响。山脉、高原、盆地等地形地貌对气候的影响显著。例如,山脉可以阻挡湿润气流,形成迎风坡和背风坡,导致两侧气候差异显著。

植被覆盖影响。植被的分布和类型也会影响气候体验资源。森林、草原、沙漠等的地表覆盖物对温度、湿度和风速等气候要素具有调节作用。

(二)气候体验资源的特点

多样性。气候体验资源具有极高的多样性,从热带雨林到极地冰川,从干旱沙漠到湿润湿地,各种气候类型都能提供独特的体验。

季节性。许多气候体验资源具有明显的季节性特征。例如,温带地区的四季变化明显,春季的花海、夏季的清凉、秋季的红叶、冬季的雪景,都能带来不同的体验。

动态性。气候体验资源是动态变化的,受全球气候变化的影响,某些气候特征可能会发生显著变化。极端天气事件的增多,如暴雨、高温、干旱等,都会影响气候体验资源的稳定性和可预测性。

可持续性。合理开发和利用气候体验资源,可以实现其可持续性。通过科学管理和保护,可以确保这些资源长期为人类提供独特的气候体验。

二、气候体验资源的观赏价值与意义

促进环境教育和生态旅游的发展。气候体验资源为游客提供了亲身体验和学习自然环境的机会,有助于提高公众对气候变化和环境保护的认识。通过实地体

验，游客可以更直观地理解气候对生态系统的影响，从而增强环境保护意识。

丰富旅游产品和提升旅游目的地形象。气候体验资源的独特性为旅游目的地提供了丰富的旅游产品和体验项目。例如，沙漠的酷热、极地的严寒、热带雨林的湿润等，这些独特的气候体验可以成为旅游目的地的特色，吸引游客，提升旅游目的地的吸引力和竞争力。

激发艺术创作灵感。气候体验资源的多样性和变化性为艺术家提供了丰富的创作灵感。无论是摄影、绘画还是文学创作，气候体验资源都能激发艺术家的创造力，产生更多反映自然美和气候变化的作品。

增强社区的凝聚力和文化认同感。气候体验资源往往与当地社区的生活密切相关，成为社区文化的一部分。通过共同体验和保护这些资源，社区成员可以增强凝聚力和文化认同感，同时促进社区的可持续发展。

三、气候体验资源的分类

（一）气候体验资源的主要分类

按照地理位置与地形特征分类。可以将气候体验资源分为山地气候体验、海洋气候体验、城市气候体验等类型，每种类型都具有其独特的气候特征和体验价值。

按照季节变化分类。可以将气候体验资源分为四季分明的气候体验、季节性极端气候体验等，这些体验能够使游客感受到不同季节的气候变化和自然美景。

按照大气环流特点分类。可以将气候体验资源分为季风气候体验、海洋性气候体验、大陆性气候体验等，每种气候类型都有其独特的气候现象和体验活动。

按照气候体验资源的可持续性特点分类。可以将气候体验资源分为可持续利用型和非可持续利用型，这有助于指导旅游开发活动，确保资源的长期利用和保护。

按照气候体验资源的地域分布分类。可以将气候体验资源分为热带气候体验、温带气候体验、寒带气候体验等，不同地域的气候体验资源为旅游者提供了多样化的选择。

（二）气候体验资源的主要类型分析

1. 极端热区

极端热区是指那些常年高温、干旱的地区，如沙漠和干旱草原。这些地区不仅具有独特的自然景观，还为人们提供了体验极端高温气候的机会。在这些地区，游客可以感受到烈日炙烤的酷热，了解沙漠生态系统中的动植物如何适应这种极端环境。此外，极端热区还为研究全球气候变化提供了重要的参考点，科学家可以在这里观察到气候变化对干旱地区的影响。

2. 极端寒区

极端寒区包括极地、高山冰川等,这些地方常年气温极低,冬季漫长而寒冷。在这些地区,游客可以体验冰雪世界的奇妙,观赏到壮丽的冰川、雪山和极光。极端寒区不仅是科学研究的重要场所,也是人们了解极地生态系统和气候变化影响的绝佳地点。通过亲身体验,游客可以更加珍惜地球上的自然资源,增强环保意识。

3. 极端雨区

极端雨区是指那些雨量极高的地区,如热带雨林和季风雨林。这些地区拥有丰富的生物多样性,是地球上最富饶的生态系统之一。在这些地区,游客可以体验到连绵不断的降雨和湿润的气候,了解热带雨林中的动植物如何适应这种多雨环境。极端雨区不仅为科学研究提供了丰富的生物样本,还为人们提供了了解地球水循环和气候变化影响的机会。

4. 极端旱区

极端旱区是指那些常年干旱少雨的地区,如荒漠和干旱草原。这些地区具有独特的自然景观,如红色的岩石和沙丘。在这些地区,游客可以体验到干旱气候的严酷,了解干旱生态系统中的动植物如何适应这种极端环境。极端旱区不仅为科学研究提供了重要的参考点,还为人们提供了了解地球水资源分布和气候变化影响的机会。

5. 立体气候

立体气候是指那些在同一地区内具有多种气候类型的地区,如高山地区。这些地区具有垂直分布的气候带,从山脚到山顶依次经历热带、亚热带、温带、寒带等气候类型。在这些地区,游客可以体验到从炎热到寒冷的多种气候,了解不同气候带中的动植物分布和生态环境。立体气候不仅为科学研究提供了丰富的研究对象,还为人们提供了了解地球气候多样性和气候变化影响的机会。

四、气候体验资源的空间分布

温带地区。温带地区气候体验资源丰富多样,四季分明,具有适宜的温度和湿度,适合开展多种气候体验活动。夏季可以体验凉爽的气候和宜人的自然风光,冬季则可以享受雪景和滑雪运动。此外,温带地区的森林、湖泊和山地为游客提供了丰富的户外活动选择。

热带地区。热带地区以其高温多雨的气候特征而闻名,是体验热带雨林、海滩度假和探险活动的理想场所。游客可以在这里体验到热带雨林的神秘及其生物多样性,以及海滨的阳光沙滩和珊瑚礁的美丽。

亚热带地区。亚热带地区气候温和、雨量充沛、四季如春,是进行户外运动和休闲度假的好去处。这里的自然景观和文化遗迹相结合,为游客提供了丰富的旅游体验。

高原地区。高原地区以其独特的高海拔气候和壮丽的自然风光吸引着游客。在这里,游客可以体验到凉爽的气候和开阔的视野,同时,高原特有的文化氛围和民族风情也是旅游体验的重要组成部分。

森林地区。森林地区以其丰富的植被和清新的空气而著称,是进行生态旅游和户外探险的理想场所。游客可以在这里体验到森林的宁静和自然之美,同时了解森林生态系统及其保护知识。

河流地区。河流地区以河流为依托,提供了丰富的水资源和独特的水上活动体验。游客可以在这里体验到河流的宁静与壮阔,参与划船、钓鱼等水上运动,享受与水亲近的乐趣。

沙漠地区。沙漠地区以其独特的干旱气候和广袤的沙海而闻名。在这里,游客可以体验到沙漠的神秘和挑战,参与沙漠探险、露营等活动,感受沙漠星空的壮丽。

极地地区。极地地区以其极端的气候条件和独特的自然景观吸引着勇敢的探险者。游客可以在这里体验到极夜和极昼的奇观,观赏到极光和冰川,同时了解极地生态和气候变化的影响。

第三节 气候景观资源

一、气候景观资源的成因与特点

气候景观资源是指在特定的气候条件下形成的自然景观和人文景观。这些景观资源不仅具有观赏价值,还具有科学研究和旅游开发的价值。

(一)气候景观资源的成因

地理位置与地形影响。地理位置和地形对气候景观资源的形成具有重要影响。不同地理位置的气候条件差异显著,如赤道地区、温带地区和极地地区。地形,如山脉、高原、盆地和平原等地貌特征,也会对气候产生显著影响。例如,山脉可以阻挡湿润气流,形成雨屏效应,导致一侧多雨而另一侧干旱。

气候类型影响。气候景观资源的形成与气候类型密切相关。根据柯本气候分类法,全球气候可以分为热带气候、亚热带气候、温带气候、寒带气候和干旱气候等类型。每种气候类型都有其独特的自然景观,如热带雨林、沙漠、草原、冰川等。

季节变化影响。季节变化对气候景观资源的形成有重要影响。四季分明的地区,如温带地区,春季的花海、夏季的绿荫、秋季的红叶和冬季的雪景,都是典型的气候景观资源。季节变化不仅影响植物的生长和色彩变化,还影响动物的迁徙和行为模式。

气候异常影响。气候异常现象,如厄尔尼诺和拉尼娜现象,会对气候景观资源产生影响。这些现象会导致某些地区的气候条件发生剧烈变化,如雨量的增加或减少、气温的升高或降低,从而影响自然景观和人文景观的形成和变化。

人类活动影响。人类活动对气候景观资源的形成和变化有显著影响。例如,农业活动可以改变地表植被,城市化可以改变地表热岛效应,工业活动可以导致空气污染和气候变化。人类活动既可以破坏原有的气候景观资源,也可以创造新的景观资源。

(二)气候景观资源的特点

多样性。气候景观资源的多样性令人惊叹,涵盖了从热带雨林的繁茂葱郁到极地冰川的壮丽奇观,从沙漠的广袤无垠到草原的生机勃勃等。这些景观类型应有尽有,展现了大自然的无穷魅力和丰富变化。无论是热带雨林中茂密的植被、丰富的生物多样性,还是极地冰川那令人震撼的冰山和冰川景观,都让人感受到大自然的神奇和壮美。沙漠中的沙丘、绿洲和独特的生态系统,草原上一望无际、风吹草低见牛羊的景象,都为人们提供了丰富的视觉和心灵享受。这些多样化的气候景观资源不仅为地球增添了无尽的美丽,也为人类提供了宝贵的旅游资源和科研价值。

季节性。许多气候景观资源,如自然风光、植物群落和气象现象等,都具有非常明显的季节性特征。这些景观在不同的季节中呈现出截然不同的风貌,给人们带来了丰富多彩的视觉体验。春天,万物复苏,大地披上了嫩绿的新装,花朵竞相开放,生机勃勃;夏天,阳光炽烈,绿树成荫,繁花似锦,呈现出一派热烈而生机盎然的景象;秋天,树叶变黄,果实累累,金黄色的稻田和红叶交织成一幅丰收的画卷;冬天,白雪皑皑,冰封大地,一片银装素裹的景象,给人以宁静和纯净的感受。正是由于这些景观资源的季节性变化,使得每个季节都有其独特的魅力和观赏价值,吸引着无数游客前来欣赏和体验。

动态性。气候景观资源并不是一成不变的,它们会随着气候条件的不断变化而呈现出动态的演变过程。这种变化具有一定的不确定性和可变性,使得气候景观资源在不同的时间和空间范围内呈现出多样化的特征。例如,随着季节的更替,某些地区的气候景观会发生显著的变化,从春天的繁花似锦到冬天的银装素裹,这些变化不仅丰富了自然景观,也为人们提供了不同的视觉和体验感受。此外,全球气候变化的趋势也对气候景观资源产生了深远的影响,如全球变暖导致某些地区的冰川融化、海平面上升,这些变化不仅改变了原有的自然景观,还可能对当地的生态系统和人类活动产生重要影响。因此,理解和研究气候景观资源的动态变化,对于保护和合理利用这些资源具有重要意义。

脆弱性。在自然界中,某些特定的气候景观资源显得尤为脆弱,它们很容易受到气候变化和人类活动的双重影响。这些变化可能会导致该景观资源发生显著的改变,甚至有可能完全消失。气候变化带来的极端天气事件、温度上升、降水模式的改变等,都可能对这些景观资源造成不可逆转的损害。与此同时,人类活动,如过度开发、污染排放、城市化进程等，也会对这些脆弱的气候景观资源产生负面影响。因此，保护这些资源需要采取有效的措施，减少气候变化的影响，并合理规划和管理人类活动，以确保这些珍贵的自然景观能够长期保存。

可持续性。合理地开发和保护气候景观资源，不仅能够确保这些宝贵资源的可持续利用，还能为旅游业和科学研究领域带来长期且深远的价值。通过科学规划和管理，可以最大限度地发挥气候景观的独特魅力，吸引更多游客前来观赏和体验，从而带动当地经济的发展。同时，这些资源的保护和合理利用，还能为科学家提供丰富的研究对象，帮助他们更好地理解气候变化、生态系统和地理环境等重要课题。这样，既能享受到大自然的美景，又能为后代子孙留下宝贵的自然资源和科学财富。

二、气候景观资源的旅游价值与意义

气候景观资源的旅游价值与意义在于其独特的自然条件和环境特征，为旅游业提供了丰富多彩的旅游资源。这些资源不仅能够吸引游客，还能促进地方经济的发展，提升地区的知名度和影响力。

气候景观资源能够为游客提供独特的旅游体验。例如，热带雨林的神秘、沙漠的壮阔、高山的险峻、极地的寒冷等，这些独特的气候景观能够带给游客前所未有的感受。此外，四季分明的气候景观，如春天的花海、夏天的绿荫、秋天的红叶、冬天的雪景，也能够吸引游客在不同的季节前来观赏。

气候景观资源有助于推动生态旅游的发展。生态旅游强调对自然环境的保护和可持续利用，而气候景观资源正是生态旅游的重要组成部分。通过合理开发和利用这些资源，可以促进旅游业与环境保护的协调发展，实现经济、社会和环境的多重效益。

气候景观资源的开发可以带动相关产业的发展。旅游业是一个综合性产业，涉及交通、住宿、餐饮、娱乐等多个方面。气候景观资源的开发不仅能吸引游客，还能带动当地交通、住宿、餐饮等服务行业的发展，从而促进地方经济的繁荣。

气候景观资源的旅游价值还体现在其文化内涵上。许多气候景观资源都具有深厚的文化背景和历史意义，如一些著名的山川、湖泊、森林等，往往与当地的历史传说、民俗风情密切相关。通过开发这些资源，可以更好地传承和弘扬地方文化，提升地区的文化软实力。

总之，气候景观资源的旅游价值与意义不仅在于其独特的自然景观和环境特征，更在于其对地方经济、生态旅游和文化传承的多重贡献。合理开发和利用这些资源，将为旅游业的可持续发展提供有力支持。

三、气候景观资源的分类

（一）气候景观资源的主要分类

按照地理位置与地形特征分类。根据气候景观资源所在的具体地理位置和地形特征进行分类,如山地气候景观、海洋气候景观、平原气候景观等。

按照气候类型分类。依据气候景观资源所处的气候带进行分类,如热带气候景观、温带气候景观、寒带气候景观等。

按照季节变化分类。根据气候景观资源随季节变化的特征进行分类,如春季的花海、夏季的绿荫、秋季的红叶、冬季的雪景等。

按照气候异常分类。针对由于气候异常事件(如厄尔尼诺、拉尼娜现象)导致的特殊气候景观进行分类。

按照人类活动影响分类。考虑人类活动对气候景观资源的影响,如城市热岛效应下的城市气候景观、农业活动影响下的乡村气候景观等。

通过这些分类方法,可以更精确地识别和评估不同气候景观资源的价值,制定相应的保护和开发策略,确保这些资源的可持续利用,同时为游客提供更加丰富和多样化的旅游体验。

(二)气候景观资源的主要类型分析

1. 冰山

冰山是巨大的冰块,它从冰川的末端断裂并漂浮在海洋中。这些冰山的体积庞大,只有大约十分之一的体积露出水面,其余部分隐藏在水下。冰山的形成过程通常需要数千年,它在极地地区缓慢积累,最终因重力作用脱离母体,开始它的海洋之旅。冰山在海洋中漂移,逐渐融化,对周围的海洋生态系统和航行安全都产生影响。

2. 冰川

冰川是巨大的冰体,覆盖在陆地表面,主要分布在地球的两极和一些高山地区。它的形成是由于多年积雪在重力作用下不断压实,最终转变成冰。冰川缓慢流动,对地表进行侵蚀和搬运,塑造出独特的地貌特征,如"U"形谷、冰斗和冰川槽。随着全球气候的变暖,冰川正在加速融化,这对海平面上升和生态系统产生了深远的影响。

3. 雪山

雪山是指常年积雪的高山,它的山顶覆盖着厚厚的冰雪。雪山不仅是登山爱好者的"天堂",也是重要的淡水资源。夏季,雪山融水汇入河流,为下游地区提供灌溉和饮用水。雪山的生态系统独特,许多珍稀动植物在这里繁衍生息。然而,由于气候变化,雪山的雪线正在上升,这对当地的生态平衡和水资源管理提出了挑战。

4. 季节雨

季节雨是指在某些地区,降雨主要集中在特定季节的现象。例如,在印度次大陆,季风雨季通常发生在夏季,带来大量的降水,对农业至关重要。季节雨的形成与季风系统密切相关,季风的强弱和持续时间直接影响雨量。季节雨不仅影响农业生产,还对水资源管理、防洪减灾等方面具有重要意义。

5. 凌汛

凌汛是指河流在春季解冻时，冰块堵塞河道，导致水位上升并可能引发洪水的现象。这种现象主要发生在纬度较高或海拔较高的地区。凌汛期间，冰块在河道中堆积，形成冰坝，阻碍水流，一旦冰坝崩溃，下游地区将面临突发性洪水的威胁。为了应对凌汛，相关部门会采取多种措施，如破冰、疏浚河道等，以减轻灾害影响。

6. 物候

物候是指自然界中动植物的季节性活动与环境变化之间的关系。例如，春天植物发芽、开花，鸟类迁徙和繁殖等现象。物候的变化与气候条件密切相关，因此，通过观察物候现象，可以了解气候变化的趋势。物候学是生态学和环境科学的重要分支，对于研究生物多样性、生态系统健康以及气候变化具有重要意义。

七十二物候，是指中国古代根据二十四节气进一步细分的物候现象，每个节气又分为三候，共计七十二候。这种细致的划分，体现了古人对自然界的深刻观察和理解。七十二物候不仅记录了动植物的季节性活动，还涵盖了天气变化、农业活动等多方面的内容，成为古代农业社会的重要指导依据。

春季，如立春之后的初候，便有"东风解冻，蛰虫始振"的描述，意味着随着春风的到来，大地开始解冻，冬眠的动物也开始苏醒。到了二候，"鱼陟负冰"，湖面的冰开始融化，鱼儿开始游到水面上来。到了三候，"獭祭鱼"，水獭开始捕食鱼类，并将它们排列在岸边，形成了一种独特的自然景观。

夏季的物候同样丰富多彩。如立夏之后的初候，"蝼蝈鸣"，蝼蛄开始在田间鸣叫，预示着夏季的来临。到了二候，"蚯蚓出"，蚯蚓从泥土中钻出，开始在地面上活动。到了三候，"王瓜生"，一种名为王瓜的植物开始生长，其藤蔓攀爬，为夏季的田野增添了一抹绿色。

秋季的物候则预示着收获与凋零。如立秋之后的初候，"凉风至"，天气开始转凉，秋风送爽。到了二候，"白露降"，露水开始在夜间凝结，植物叶片上可见晶莹的露珠。到了三候，"寒蝉鸣"，蝉儿的鸣叫声变得稀疏，预示着秋天的深入。

冬季的物候则显得静谧而寒冷。如立冬之后的初候，"水始冰"，水面开始结冰，标志着冬季的开始。到了二候，"地始冻"，土壤开始冻结，大地变得坚硬。到了三候，"雉入大水为蜃"，意味着野鸡开始躲藏，而海市蜃楼的景象也逐渐消失。

七十二物候不仅是中国古代智慧的结晶，更是现代人了解自然、回归自然的重要窗口。通过学习和观察这些物候现象，能够更加深刻地感受到自然界的韵律和节奏，从而更好地保护和珍惜赖以生存的环境。

四、气候景观资源的空间分布

在我国广袤的土地上，气候景观资源呈现出丰富多彩的分布特征。从北到南，从东到西，不同的气候类型孕育了各具特色的自然风光和人文景观。

北方地区。以温带季风气候和温带大陆性气候为主,四季分明。夏季高温多雨,冬季寒冷干燥。这一地区的气候景观资源主要表现为雄浑壮丽的山川、广袤的草原和独特的冰雪景观。例如,长白山的天池、呼伦贝尔大草原以及哈尔滨的冰雪大世界,都是北方气候景观资源的典型代表。

南方地区。以亚热带季风气候和热带季风气候为主,四季如春,夏季湿热,冬季温和。这一地区的气候景观资源以秀美的山水、繁茂的植被和丰富的生物多样性为特点。例如,桂林的山水、张家界的奇峰异石以及西双版纳的热带雨林,都是南方气候景观资源的精华所在。

高原地区。青藏高原、云贵高原等地,海拔较高,气候独特。高原气候具有日照充足、空气稀薄、温差大等特点。这里的气候景观资源以壮丽的高原风光、神秘的藏族文化和独特的高原生态系统为主。例如,珠穆朗玛峰的雄伟、纳木错的圣洁以及梅里雪山的神秘,都吸引了无数游客前来朝圣。

沿海地区。我国东部和南部沿海地区,受海洋影响较大,气候温和湿润。这一地区的气候景观资源以海滨风光、岛屿景观和海洋生物多样性为主。例如,三亚的热带海滩、厦门的鼓浪屿以及舟山群岛的渔村风情,都是沿海地区气候景观资源的代表。

第四节 古气候遗迹资源

一、古气候遗迹资源的成因与特点

古气候遗迹资源是指那些能够反映过去气候条件的地质、生物和化学记录。这些遗迹资源不仅提供了关于地球历史气候变迁的宝贵信息,还帮助科学家预测未来的气候变化趋势。以下是对古气候遗迹资源成因与特点的进一步探讨。

（一）古气候遗迹资源的成因

冰川遗迹的影响。冰川遗迹包括冰碛石、冰川槽谷、冰斗湖等,它们是冰川活动的直接产物。冰川的形成和消融与气候的冷暖变化密切相关,因此,这些遗迹能够反映特定时期的气候条件。

沉积物层的影响。湖泊、海洋和河流沉积物中的层理结构、矿物成分和生物化石,能够揭示过去气候的温度、湿度和降水等信息。例如,某些微小生物的壳体成分在不同气候条件下会发生变化,从而成为气候变迁的指示器。

古土壤的影响。古土壤层中的化学成分和结构特征能够反映其形成时的气候条件。例如,干旱地区的古土壤通常富含碳酸钙,而湿润地区的古土壤则可能富含有机质。

化石记录的影响。植物和动物化石能够提供关于古气候的重要线索。某些植物和动物种类对气候条件有特定的适应性,因此,它们的存在与否可以指示特定时期的气候状况。

(二)古气候遗迹资源的特点

时空分布广泛。全球各地广泛分布着古气候遗迹资源,这些珍贵的自然遗产记录了地球历史上不同时期和不同地区的气候变迁。从遥远的极地冰盖到繁茂的赤道雨林,从深邃的海洋沉积物到巍峨的高山冰川,这些不同类型的遗迹资源提供了丰富的气候信息。极地冰盖中的冰芯样本能够揭示过去数十万年甚至数百万年的气候变化,而赤道雨林中的树木年轮则记录了近几个世纪的气候波动。深海沉积物中的微小生物化石和化学成分反映了海洋环境的长期演变,高山的冰川融水则揭示了过去数千年甚至数万年的气候波动。这些遗迹资源不仅为理解地球气候系统的演变提供了宝贵的线索,还帮助科学家预测未来的气候变化趋势。

多学科交叉。为了深入研究和理解古气候遗迹资源,科学家必须综合运用地质学、生物学、化学和物理学等多个学科的知识。这些学科的交叉研究能够提供更全面的视角,帮助科学家更准确地解读古气候的丰富信息。通过地质学,科学家可以分析岩石和沉积物的形成过程,从而推断出古代气候条件;生物学则通过研究古生物化石,揭示古气候对生物多样性的影响;化学分析手段,如同位素分析,能够提供关于古代温度和降水的直接证据;物理学则通过模拟和计算,帮助科学家理解气候系统的复杂动态。这种多学科的综合研究方法,使得科学家能够更深入地了解地球过去的气候状况,为预测未来气候变化提供重要的科学依据。

信息的复杂性。在古气候遗迹资源中,所蕴含的信息通常呈现出复杂性和多解性。例如,某一特定的沉积物层内可能蕴藏着多种不同的气候信号,这些信号彼此交织,难以直接解读。为了准确地解读这些信息,研究者们必须借助精细的分析手段,通过对比研究,逐步剥离出各个气候信号的特征,从而揭示沉积物层所记录的古气候变迁。这种分析和对比研究的过程需要高度的专业性和细致的工作,以确保所获得的结论尽可能地接近真实的历史气候状况。

保存状态的差异性。由于地质作用和人为干扰的影响,古气候遗迹资源的保存状态呈现出多样化的特征。在这些遗迹中,有些保存得非常完好,能够提供清晰且详细的气候信息,仿佛是大自然亲自记录下的历史档案。然而,也有一些遗迹由于受到不同程度的破坏,其原始状态已经不复存在,需要通过科学的恢复和重建手段,才能从中提取出有价值的信息。这些恢复和重建工作通常涉及复杂的地质分析、年代测定以及环境模拟等技术,以期尽可能地还原遗迹的原始面貌,从而为研究古气候提供重要的线索和依据。通过对古气候遗迹资源的深入研究,科学家不仅能够更好地理解地球气候系统的演变过程,还能为应对当前和未来的气候变化提供科学依据。随着研究技术的进步和新方法的应用,古气候遗迹资源的研究将不断拓展人们对地球气候历史的认知。

二、古气候遗迹资源的旅游价值与意义

古气候遗迹资源是指那些能够反映地球历史上不同气候阶段特征的自然遗迹。这些遗迹包括冰川、沙漠、湖泊、海洋沉积物、化石以及古植被等。它们不仅具有重要的科学研究价值,还具有独特的旅游吸引力。

古气候遗迹资源为游客提供了一种独特的自然体验。通过参观这些遗迹,游客可以直观地感受到地球历史的变迁,了解不同气候阶段的自然环境和生物多样性。例如,参观冰川遗迹可以让游客感受到冰河时代的壮丽景象,而沙漠遗迹则能让游客体验到干旱气候下的独特生态。

古气候遗迹资源有助于提高公众的环保意识。这些遗迹通过展示地球历史上气候变化对自然环境和生物多样性的影响,提醒人们关注当前的气候变化问题。游客在参观过程中,不仅能获得知识,还能增强保护地球环境的责任感。

古气候遗迹资源还可以促进地方经济发展。许多古气候遗迹所在地具有独特的自然景观和丰富的文化背景,可以开发成具有特色的旅游景点。通过发展旅游业,当地社区可以获得经济收益,改善居民的生活水平。同时,旅游业的发展还能带动相关产业的发展,如餐饮、住宿、交通等,从而形成一个良性循环。

古气候遗迹资源为科学家提供了研究地球历史气候变化的宝贵资料。通过对这些遗迹的深入研究,科学家能够更好地理解地球气候系统的演变过程,预测未来气候变化的趋势,从而为应对气候变化提供科学依据。此外,这些研究还能促进相关学科的发展,如地质学、古生物学和环境科学等,进而推动整个科学界的进步。

总之,古气候遗迹资源不仅具有重要的科学研究价值,还具有独特的旅游吸引力。通过合理开发和科学管理,这些遗迹可以成为促进地方经济发展和提高公众环保意识的重要资源。

三、古气候遗迹资源的分类

(一)古气候遗迹资源的主要分类

按照形成年代分类。根据其形成年代的不同,古气候遗迹资源可以被细致地划分为多个类别,涵盖了从新生代、中生代到古生代等多个不同的地质时期所遗留下来的独特遗迹。新生代遗迹通常包括了约6500万年前至今的地质记录,这一时期的遗迹反映了地球气候从恐龙灭绝后的复苏到现代气候的演变过程。中生代遗迹则涵盖了约2.51亿年前至6500万年前的地质时期,这一时期的化石和沉积物记录了恐龙繁盛和大规模生物灭绝事件的气候背景。而古生代遗迹则包括了约5.41亿年前至2.51亿年前的地质记录,这一时期的化石和地层揭示了早期复杂生命形式的出

现以及多次冰期和温室气候交替的环境条件。通过对这些不同地质时期遗迹的研究,科学家能够更好地理解地球气候的长期演变过程及其对生物多样性的影响。

按照遗迹类型分类。在对遗迹进行分类时,可以根据其类型进行详细划分。具体来说,古气候遗迹资源可以细分为多种不同的类别。首先,冰川遗迹是指那些由古代冰川活动留下的痕迹,如冰川槽、冰碛石等。其次,沉积物层遗迹则是指那些由古代河流、湖泊或海洋沉积作用形成的地层,这些地层中往往蕴藏着丰富的古环境信息。再次,古土壤遗迹是指那些在古代气候条件下形成的土壤层,这些土壤层可以反映出当时的气候特征和环境变化。最后,化石记录遗迹是指那些保存在岩石中的古生物化石,这些化石不仅记录了生物的演化历史,也反映了当时的气候条件。通过对这些遗迹的研究,科学家可以重建古气候的演变过程,从而更好地理解地球气候系统的过去和未来。

按照遗迹保存状态分类。根据遗迹保存状态的不同,古气候遗迹资源可以被划分为三大类。首先是保存完好的遗迹,这些遗迹在历史的长河中得以幸存,几乎未受到任何破坏,保留了其原始的面貌和信息;其次是部分破坏的遗迹,这些遗迹虽然遭受了一定程度的损害,但仍然能够提供一些重要的气候信息和历史证据;最后是仅存遗迹线索的遗址,这些遗址可能已经遭到了严重的破坏,仅留下一些零星的线索和碎片,需要通过考古学家和地质学家的专业研究才能揭示其背后所蕴含的古气候信息。

按照遗迹的科学价值分类。根据遗迹的科学价值进行细致的分类,可以将古气候遗迹资源划分为两大类。一类是具有重要科研价值的遗迹,另一类则是具有科普教育意义的遗迹。前者通常包含那些能够为科学家提供关键数据和信息的遗址,这些数据和信息有助于深入理解地球过去的气候状况及其演变过程。这些遗迹可能包括冰芯样本、古生物化石、沉积层等,它们为研究古气候变化提供了宝贵的实物证据。而后者则更多地面向公众,通过展示和解释这些遗迹,普及关于古气候和气候变化的知识,提高公众对这一重要科学问题的认识和理解。这些遗迹可能包括地质公园、博物馆展览、互动教育项目等,旨在通过生动有趣的方式传播科学知识,激发公众对科学研究的兴趣。

按照遗迹的旅游开发潜力分类。根据遗迹的旅游开发潜力进行细致的分类,可以将古气候遗迹资源划分为两大类。一类是已经被开发并成功转化为旅游景点的遗迹,另一类则是尚未被充分开发但具备巨大潜在旅游价值的遗迹。前者通常已经具备完善的旅游基础设施和成熟的旅游服务体系,吸引了大量游客前来参观体验。而后者则可能尚未被广泛认知,但因其独特的古气候特征和历史价值,具有成为新兴旅游目的地的巨大潜力。这些潜在的遗迹资源需要通过科学的评估和合理的规划,才能逐步开发成为新的旅游景点,从而为旅游业的发展注入新的活力。

(二)古气候遗迹资源的主要类型分析

古气候遗迹资源是指那些能够反映过去气候条件的自然遗迹。这些遗迹不仅为科学家提供了研究地球历史气候变迁的宝贵资料,还为公众提供了了解地球环境演变的窗口。根据其形成机制和保存状态,古气候遗迹资源可以进一步细分为以下几类。

1. 冰川遗迹

冰川遗迹包括冰川槽、冰斗、冰碛石、冰川漂砾等。这些遗迹记录了冰川活动的历史,反映了过去冰期和间冰期的气候变化。例如,阿尔卑斯山脉中的"U"形谷和北美洲五大湖的形成都与冰川活动密切相关。

冰川遗迹的旅游开发可以采取多种方式,如建立地质公园、开展科普教育旅游、提供探险体验活动等。通过这些方式,游客不仅能够欣赏到冰川遗迹的自然美景,还能学习到关于冰川作用和气候变化的科学知识。在市场营销方面,可以通过制作高质量的宣传资料、举办主题展览和讲座、利用社交媒体和网络平台进行推广,以及与旅游机构合作开发特色旅游线路,来吸引更多的游客。此外,还可以通过与当地社区合作,开发与冰川遗迹相关的手工艺品和纪念品,增加旅游产品的多样性,从而促进当地经济的发展。

2. 沉积物遗迹

沉积物遗迹包括湖泊沉积、海洋沉积、河流沉积等。这些沉积物中往往含有丰富的生物化石和化学成分,能够反映古环境中的温度、湿度、降水等气候参数。例如,黄土高原的黄土沉积记录了数百万年来亚洲内陆干旱化的过程。

沉积物遗迹的旅游开发可以结合地质公园的建设,通过设立专门的展览馆和教育中心,向游客展示沉积物的形成过程、古环境的变迁以及其中蕴含的科学信息。通过互动式的展览和多媒体演示,游客可以更加直观地了解地质历史和气候变化。此外,还可以组织专业的地质导游团队,为游客提供深入的解说服务,增加旅游体验的教育性和趣味性。在市场营销方面,可以通过制作高质量的宣传资料、举办主题展览和讲座、利用社交媒体和网络平台进行推广,以及与旅游机构合作开发特色旅游线路,来吸引更多的游客。通过这些方式,沉积物遗迹不仅能够成为科学研究的基地,也能成为公众教育和旅游体验的重要场所。

3. 古土壤遗迹

古土壤遗迹是指那些在地质历史时期形成的土壤层。这些土壤层保存了当时的气候信息,如温度、降水和植被类型。例如,中国北方的红土记录了新生代以来的温暖湿润气候。

可以通过建立地质公园或自然保护区,将这些古土壤遗迹作为教育和科研基地,吸引地质学家、历史学家和学生前来研究和学习。同时,可以设计专门的旅游路线和解说牌,向公众介绍古土壤遗迹的形成过程、古环境特征以及它们在地球历史中的重要性。通过这些措施,古土壤遗迹不仅能够得到有效的保护,还能成为公众了解地球历史和气候变化的窗口。

4. 生物遗迹

生物遗迹包括化石、树木年轮、珊瑚骨架等。这些生物遗体或生物结构中蕴含了丰富的气候信息。例如,珊瑚骨架中的氧同位素比例可以反映古海洋的温度变化。

生物遗迹具有独特的吸引力,可以作为旅游开发的亮点。例如,化石遗址可以成为地质公园的一部分,吸引对古生物和地质演变感兴趣的游客。树木年轮的分析可以揭示过去气候变化的模式,为气候教育提供生动的实例。珊瑚骨架的展示和研究可以吸引海洋生物爱好者和科学家,为他们提供研究和学习的机会。通过这些方式,生物遗迹不仅能够得到保护和研究,还能成为公众了解地球历史和生物多样性的窗口。在市场营销方面,生物遗迹可以作为特色旅游资源进行宣传,通过举办专题展览、科普讲座和互动体验活动,在提高公众对生物遗迹保护意识的同时,也促进了旅游业的发展。

5. 化石燃料遗迹

化石燃料遗迹主要是指煤、石油和天然气等化石燃料的形成过程。这些燃料的形成与古代植被的分布和气候条件密切相关。通过研究这些化石燃料的成分和分布,科学家可以推断出古气候的特征。

化石燃料遗迹的旅游开发可以采取多种方式。例如,可以建立以化石燃料为主题的博物馆或展览馆,展示化石燃料的形成过程、历史和对现代文明的影响。此外,还可以组织化石燃料遗迹的现场考察活动,让游客亲身体验和学习化石燃料的形成和开采过程。在市场营销方面,可以通过举办化石燃料节或相关主题的科普活动,吸引对地质学和能源历史感兴趣的游客。同时,利用多媒体和虚拟现实技术,为游客提供沉浸式的教育体验,增强他们对化石燃料遗迹保护的认识和兴趣。通过这些方式,化石燃料遗迹不仅能够得到有效的保护和研究,还能成为公众了解地球历史和能源发展的窗口。

6. 冰蚀遗迹

冰蚀遗迹是指冰川作用在地表上留下的各种痕迹,如"U"形谷、冰斗、槽状谷和冰川擦痕等。这些遗迹记录了冰川活动的历史,反映了过去的冰期和间冰期气候条件。例如,阿尔卑斯山脉中的许多"U"形谷就是上一次冰川时期冰川侵蚀作用的直接证据。

冰蚀遗迹的旅游开发可以结合自然景观和科普教育,打造具有特色的旅游项目。例如,可以开发冰蚀遗迹主题的徒步旅行路线,让游客在欣赏自然美景的同时,了解冰川作用的科学知识。此外,还可以建立冰蚀遗迹博物馆或展览中心,通过互动式展览和多媒体演示,向游客展示冰川的形成、发展以及对地球环境的影响。在市场营销方面,可以利用冰蚀遗迹的独特性,举办国际冰川文化节或相关主题的科普活动,吸引国内外游客。通过这些活动,不仅可以提升公众对冰川保护的意识,还能促进当地旅游业的发展,实现经济效益与环境保护的双赢。

7. 风蚀遗迹

风蚀遗迹主要是指风力作用在干旱和半干旱地区形成的地貌,如雅丹地貌、风蚀柱和风蚀坑等。这些遗迹揭示了风力对地表的侵蚀和搬运作用,反映了当地的气候干燥程度和风力强度。例如,新疆的魔鬼城就是典型的雅丹地貌,其形成与当地长期的风蚀作用密切相关。

风蚀遗迹的旅游开发可以结合地质科普教育,打造具有教育意义的旅游项目。例如,可以开发风蚀地貌主题的地质公园或科普基地,让游客在参观的同时,学习风蚀作用的科学知识。此外,还可以举办风蚀地貌摄影比赛或艺术创作活动,吸引摄影爱好者和艺术家参与,提升公众对风蚀地貌保护的意识。通过这些活动,不仅可以促进当地旅游业的发展,还能增强人们对自然环境的保护意识,实现经济效益与环境保护的双赢。

8. 雨蚀遗迹

雨蚀遗迹是指雨水对地表的冲刷和侵蚀作用留下的痕迹,如沟谷、冲积扇和河流阶地等。这些遗迹记录了雨量和地表径流的变化,反映了湿润气候条件下的地貌发育过程。例如,黄土高原上的许多沟谷就是由于长期雨水冲刷而形成的,这些沟谷的分布和深度可以反映出该地区过去和现在的降雨情况。

雨蚀遗迹的旅游开发可以结合地质科普教育,打造具有教育意义的旅游项目。例如,可以开发以雨蚀地貌为主题的地质公园或科普基地,让游客在参观的同时,学习雨蚀作用的科学知识。此外,还可以举办雨蚀地貌摄影比赛或艺术创作活动,吸引摄影爱好者和艺术家参与,提升公众对雨蚀地貌保护的意识。通过这些活动,不仅可以促进当地旅游业的发展,还能增强人们对自然环境的保护意识,实现经济效益与环境保护的双赢。在市场营销方面,可以利用雨蚀遗迹的独特性,通过网络、社交媒体和旅游宣传册等渠道,向潜在游客展示雨蚀地貌的壮观和科学价值,吸引他们前来参观体验。同时,与当地旅游部门合作,开发特色旅游路线和体验活动,如雨蚀地貌探险之旅,增加旅游产品的多样性和吸引力。

四、古气候遗迹资源的空间分布

北方地区。北方地区由于其独特的地理位置和气候条件,古气候遗迹资源丰富多样。例如,冰川遗迹在一些高纬度地区和高山地带较为常见,这些遗迹记录了过去冰川活动的历史,为研究气候变化提供了宝贵的实物资料。

南方地区。南方地区由于其湿润的气候和复杂的地形,保存了大量古气候遗迹。在一些石灰岩地区,可以发现由古气候条件形成的钟乳石、石笋等沉积物遗迹,这些遗迹不仅具有科学研究价值,也成了旅游开发的宝贵资源。

高原地区。高原地区因其高海拔和独特的气候特征,古气候遗迹资源具有极高的研究价值和观赏性。例如,青藏高原的冰川遗迹不仅记录了地球气候的变迁,也吸引了众多科研人员和探险爱好者。

沿海地区。沿海地区由于海陆交互作用,古气候遗迹资源也十分丰富。海蚀地貌、古土壤遗迹等在沿海地区广泛分布,这些遗迹不仅反映了古气候条件下的环境变迁,也为研究海平面变化提供了重要线索。

河流地区。河流地区由于其丰富的水系和多变的气候,古气候遗迹资源同样具有重要的研究和旅游价值。河床沉积物、古河道遗迹等记录了河流演变的历史,为研究古气候提供了丰富的信息。这些遗迹不仅对科学家具有吸引力,也为游客提供了了解自然历史的窗口。

沙漠地区。沙漠地区虽然环境恶劣,但其独特的气候条件和地理特征也孕育了丰富的古气候遗迹资源。沙漠中的沙丘、干涸湖床等地貌,以及风蚀作用形成的特殊景观,都记录了过去气候变迁的信息。这些遗迹不仅为研究干旱气候提供了重要资料,也成了沙漠探险旅游的亮点。

第五章　人文气象资源

第一节　气象历史资源

一、气象历史资源的成因与特点

(一)气象历史资源的成因

气象历史资源是指在过去的气象观测、记录和研究中积累下来的各类数据、文献和实物资料。这些资源对于了解气候变化、预测未来天气以及进行科学研究具有重要意义。

自然演变。地球大气层的物理和化学过程是气象历史资源形成的自然基础。太阳辐射、地球自转、海洋流动等因素共同作用,形成了复杂的气候系统。早期人类通过观察自然现象,逐渐积累了关于天气变化的经验和知识。

人类活动。随着文明的发展,人类开始有意识地记录天气和气候信息。农业活动、航海探险、军事行动等都促进了气象记录的系统化。例如,中国古代的二十四节气就是根据天文和气象知识制定的农业历法。

科技进步。现代气象观测技术的发展极大地丰富了气象历史资源。从早期的温度计、气压计到现代的卫星遥感技术,各种先进的仪器设备使得气象数据的获取更加精确和全面。

(二)气象历史资源的特点

多样性。气象历史资源包括文字记录、图像资料、实物样本等多种形式。例如,气象日志、天气图、气象仪器、气象站建筑等都是重要的资源。

不均匀性。由于历史时期和地域的差异,气象历史资源在时间和空间上的分布极不均匀。某些地区和时期的记录较为丰富,而另一些则相对匮乏。

复杂性。气象历史资源不仅涉及气象学本身,还与地理学、历史学、物理学等多个学科交叉。因此,研究和利用这些资源需要跨学科的知识和方法。

珍贵性。许多早期的气象记录是不可再生的宝贵资源。它们不仅记录了过去的气候状况,还为现代科学研究提供了重要的参考依据。

可利用性。随着数字化技术的发展,越来越多的气象历史资源被整理和数字化,方便了全球研究者的使用和共享。这不仅提高了资源的利用率,还促进了国际学术交流。

二、气象历史资源的旅游价值与意义

气象历史资源的旅游价值与意义不仅体现在其独特的自然景观和科学教育功能上,还在于其对人类社会发展的深远影响。通过对气象历史资源的探索和体验,游客可以更深刻地理解自然与人类社会的互动关系,从而增强环保意识,理解可持续发展理念。

促进历史文化的传承与普及。气象历史资源中蕴含着丰富的历史信息和文化内涵,通过旅游活动的开展,可以将这些历史故事和文化知识传播给更广泛的群体,从而促进历史文化的传承和普及。

提升旅游目的地的吸引力。气象历史资源的独特性和稀缺性使其成为旅游目的地的特色亮点,能够吸引更多的游客前来参观体验,从而提升旅游目的地的整体吸引力和竞争力。

推动地方经济的发展。开发气象历史资源的旅游潜力,可以带动相关产业链的发展,如旅游服务、纪念品销售、文化体验活动等,进而促进地方经济的增长。

增强公众的科学素养。气象历史资源的探索和研究不仅能够提供科学教育的实地案例,还能激发公众对科学知识的兴趣,提高公众的科学素养和对气象科学的认识。

三、气象历史资源的分类

(一)气象历史资源的主要分类

按照历史时期分类。气象历史资源可根据历史时期分为古代、中世纪和近现代等阶段,每个阶段都有其独特的气象事件和现象。古代阶段包括古埃及和中国古代的气象记录。中世纪阶段涉及公元5—15世纪的欧洲小冰期气候特征和伊斯兰文明的气象贡献。近现代阶段则包含工业革命以来的气候变化、气象科学发展和全球变暖等记录。研究这些阶段有助于理解气候变化的长期趋势和影响。

按照事件类型分类。气象历史资源根据事件性质和内容,可分为气象灾害、成就和探索等类别。气象灾害包括洪水、干旱等自然灾害;成就记录了气象科学的重大进展,如卫星发射和预报技术改进;探索则涉及未知气象现象的研究,如大气探测和气候变化预测。这种分类有助于系统整理研究气象资源,理解其对社会的影响。

按照地理区域分类。按地理区域分类气象历史资源,有助于展示各地独特的地域特色和文化差异。这种方法有助于理解不同地区的气候特征和历史背景。详细整理和研究这些资源,可以发现各地历史时期的气候变化及其对社会、经济和文化的影响。这不仅有助于学术研究,也为气象历史爱好者提供了丰富的学习资源,帮助他们全面了解全球气象历史。

(二)气象历史资源的主要类型分析

1. 气象灾害事件遗迹

重大天气事件,如暴雨和台风等,包括"75·8"暴雨遗址和舟曲泥石流遗址。这些遗迹记录了自然力量的无情和人类的脆弱。这些遗迹不仅是过去的记录,也是对未来的警示。例如,1998年,长江洪水影响了多个省份,导致大规模重建;2004年,印度洋海啸摧毁了沿海村庄,推动了国际防灾减灾合作;2010年,海地地震几乎摧毁该国首都,造成巨大伤亡。这些遗迹提醒人们自然灾害的威胁性,通过研究和保护,可以更好地理解灾害成因,采取措施减轻损失,保护生命和财产安全。

2. 重大气象相关历史事件遗址

因天气影响或利用天气条件的重大历史事件遗址,如赤壁之战中的借东风和草船借箭。气象因素在关键时刻对历史有重要影响,其他著名气象相关事件遗址也见证了人类与自然力量的互动。1944年6月6日,盟军在诺曼底成功登陆,气象预报的晴好天气窗口至关重要。诺曼底海滩的纪念碑和博物馆则纪念牺牲士兵,并强调气象在战争中的作用。1815年6月18日,拿破仑在滑铁卢战败,大雨导致的泥泞战场影响了法军机动性。滑铁卢成为历史爱好者的朝圣地。1912年4月14日,泰坦尼克号因忽视气象警告撞上冰山沉没,其残骸是研究气象和船舶安全的重要遗址。1066年10月14日,威廉公爵在黑斯廷斯战役中利用风向和地形获胜,遗址吸引历史爱好者参观。这些历史遗址见证了气象对人类历史的影响,研究它们有助于未来决策中更重视气象因素。

3. 气象文化遗产

气象文化遗产是指那些与气象现象、天气变化和气候条件密切相关的文化表现形式和实践。这些遗产不仅反映了人类对自然环境的适应和利用,还蕴含了丰富的历史、科学和文化价值。在全球范围内,许多独特的气象文化遗产正逐渐受到重视和保护。

中国的农历节气能指导农业生产和日常活动,每个节气都有特定风俗,如立春咬春、清明踏青,体现了古代人民对气象的了解和文化传承。欧洲的气象谚语和传说,如英国的"红天见,雨天远",在农业社会中扮演着重要角色,也是现代气象学研究的资料。非洲马赛族通过观察动物行为预测天气,指导放牧和农耕,显示了人与自然的紧密联系。为了保护这些气象文化遗产,各国政府和国际组织,如联合国教科文组织,将其列入世界遗产名录,并建立博物馆和研究中心,推广其价值。

中国的气象文化资源丰富,包括节气、民俗、传说和史料,展示了古人对自然现象的观察和理解,蕴含深厚的文化和智慧。节气是基于太阳位置的时间系统,与季节和农事活动紧密相关,如清明节的扫墓祭祖和踏青郊游。在民俗方面,传统习俗,如立夏的"称人"活动和端午节的龙舟竞渡,都与气象有关。神话故事,如"后羿射日"和"精卫填海"反映了古人对自然现象的敬畏和抗争精神。古代文献,如《诗经》和《史记》中的《天官书》记录了古人对气象的观测和研究。

(1)气象民俗旅游资源

气象民俗旅游资源是指那些与天气、气候现象相关的民俗活动和传统节日,这些活动和节日往往具有深厚的文化底蕴和独特的地域特色。在中国,许多地方的气象民俗旅游资源丰富多彩,吸引了大量游客前来体验和观赏。

中国东北的冰雪节利用天然冰雪资源,展示冰雕、雪雕艺术,提供滑冰、滑雪体验。东北的冰灯游园会,夜晚五彩冰灯能够营造出梦幻氛围。云南大理的三月街是结合气象民俗的节日,展示民族文化与传统习俗,游客可观赏传统表演和品尝地方美食。江南水乡春季踏青活动,如苏州拙政园和杭州西湖的赏花节、茶文化节,让游客体验采茶制茶工艺,感受春意。气象民俗旅游资源能够丰富旅游体验、促进经济发展、保护传承民俗文化、展示地域特色、增进对中国传统文化的了解和欣赏。

(2)气象艺术旅游资源

气象艺术旅游资源是指那些以天气、气候现象为灵感或背景的艺术作品和活动,这些艺术作品和活动往往具有独特的审美价值和文化内涵。在全球范围内,许多地方的气象艺术旅游资源独具魅力,成为吸引游客的重要因素。

法国普罗旺斯,夏季的薰衣草花海吸引了众多艺术家和摄影爱好者,创作出以自然和气象为主题的受欢迎作品。美国科罗拉多州的落基山国家公园冬季雪景也是一大艺术旅游资源,艺术家们创作雪雕和冰雕,并举办艺术节,展示以雪景为灵感的作品。澳大利亚悉尼歌剧院夏季音乐会和露天电影放映活动,为观众提供视觉和听觉盛宴。这些气象艺术旅游资源丰富了艺术体验,促进了地方文化的传播和交流,有助于展示各地的地域特色和传统文化。

(3)气象美食旅游资源

气象美食旅游资源是指那些与特定天气或气候条件相结合的美食体验和活动,这些美食体验和活动往往具有独特的风味和文化意义。在全球范围内,许多地方的气象美食旅游资源独具特色,成为吸引游客的重要因素。

日本北海道,冬季寒冷、海鲜丰富,游客可在户外享受热腾腾的海鲜火锅。北海道大米也是一绝,雪中品尝新鲜寿司和米饭别有风味。意大利托斯卡纳夏季阳光明媚,游客可品尝新鲜葡萄酒和橄榄油,可在户外野餐中享受沙拉和果酱。印度喀拉拉邦季风季节雨水带来独特的美食体验,海鲜咖喱和草药汤在雨中更显香浓。这些气象美食不仅丰富了味蕾,还促进了地方文化的传播。保护和传承这些美食体验有助于展示地域特色,让更多人了解世界各地的传统文化。

(4) 气象诗歌旅游资源

气象诗歌旅游资源是指那些以特定天气或气候现象为灵感来源,能够激发诗人创作灵感的自然景观和环境。这些诗歌作品不仅反映了诗人对自然的感悟,也蕴含了深厚的文化内涵和历史价值。在全球范围内,许多地方的气象诗歌旅游资源独具魅力,成为吸引文学爱好者和游客的重要因素。

江南春雨激发了诗人的创作灵感,如杜甫的《春夜喜雨》和苏轼的《饮湖上初晴后雨》。游客可追寻诗人的足迹体验江南美景。英国湖区的多变天气也为诗人提供了素材,威廉·华兹华斯在此创作,游客可感受其诗意。非洲撒哈拉沙漠的烈日和广袤沙丘成为非洲诗人的创作背景,游客可体验沙漠诗篇中的情感。气象诗歌旅游资源丰富了文化体验,促进了文化交流,保护这些作品有助于展示地域特色和传统文化。探索气象诗歌旅游资源的魅力仍在继续。

(5) 气象节庆旅游资源

气象节庆旅游资源则是将特定的天气或气候现象与当地的节庆活动相结合,形成独具特色的旅游体验。这些节庆活动不仅庆祝了自然的恩赐,也传承了丰富的文化习俗和民间故事。

中国傣族的泼水节在夏季举行,人们泼水祈求清凉幸福。北欧国家,如瑞典和芬兰,利用极昼极夜现象举行庆祝活动,如篝火晚会和音乐会。智利葡萄酒节在春季吸引葡萄酒爱好者,提供品尝美酒、了解制作工艺和体验葡萄园的机会。日本樱花季是春季赏樱活动,人们野餐聚会,体验日本传统茶道、花道以及和风美食。这些节庆活动不仅丰富了当地生活,也向游客展示了不同文化的独特魅力。

(6) 红色气象旅游资源

红色气象旅游资源是指那些与历史革命事件相关的气象现象,这些现象在特定的历史背景下被赋予了特殊的意义,成为红色旅游的一部分。红色气象旅游资源不仅为游客提供了了解历史的机会,还让他们在特定的自然环境中感受历史的厚重。

中国拥有丰富的红色气象旅游资源。井冈山的云海和革命历史让游客体验到宁静与壮美;延安的宝塔山在夕阳下显得庄严,让游客感受到历史的沉淀;瑞金的云雾环绕山峦,让游客体验到历史的神秘。这些气象现象不仅丰富了红色旅游,也成了传承红色文化的重要载体。

(7) 气象史料旅游资源

气象史料旅游资源则是另一扇通往历史深处的窗,它以独特的视角和丰富的内涵,为游客揭示了气象与人类社会发展的紧密关联。这些资源不仅包括了古籍文献中对气象现象的记载,还涵盖了历史遗址、碑刻铭文、民间传说等多元形式,它们共同编织了一幅幅生动的历史画卷。

中国各地拥有丰富的气象史料旅游资源。杭州西湖的"断桥残雪"展现了自然美景和传说故事,成为旅游资源的亮点。北京故宫不仅是建筑艺术瑰宝,也反映了古人对气象的智慧,让游客了解古代科技。四川九寨沟以独特的气象景观著称,诺日朗瀑布四季变化吸引游客，同时对研究气候变化有重要价值。云南丽江古城以其宜人的气候和多变的天气闻名，为摄影提供灵感。地方文献资料记录的气候特点和灾害，有助于开发特色气象旅游线路。气象史料旅游资源不仅满足游客求知欲，还激发其对自然和历史的思考，预计未来将得到更广泛利用，丰富旅游体验。

四、气象历史资源的空间分布

在研究气象历史资源时，空间分布是一个至关重要的因素。气象事件的发生和演变往往与地理位置密切相关，不同的地形、地貌和地理位置会导致气象条件的显著差异。例如，山脉的存在会阻挡湿润气流的移动，形成雨影区；沿海地区则因海洋的调节作用，气候相对温和。了解这些空间分布特征，有助于更好地预测和应对气象灾害，合理利用气象资源。

高原地区。高原地区的气象历史资源具有独特性。由于海拔较高，气温普遍较低，降水分布不均。例如，青藏高原的年降水量较少，但夏季局部地区会有强烈的对流性降水。此外，高原地区的日照时间长，太阳辐射强烈，这对农业生产和生态环境有着重要影响。

沿海地区。沿海地区由于海洋的调节作用，气候相对稳定。夏季，海风可以带来凉爽的空气，缓解高温天气；冬季，海洋的保温作用使得沿海地区比内陆地区温暖。此外，沿海地区常常受到台风的影响，气象历史资源中包含了大量的台风登陆记录和相关数据，这些数据对于气象防灾减灾具有重要意义。

内陆盆地。内陆盆地由于四周被高山环绕，形成了相对封闭的地理环境。这种地形导致盆地内部的气象条件与外部存在较大差异。例如，盆地内部容易出现高温、干燥的气候特征，夏季常有热浪发生。气象历史资源中记录了这些极端天气事件的发生频率和强度，为应对未来类似事件提供了宝贵的经验。

森林和湿地。森林和湿地是重要的生态系统，它们在调节区域气候方面发挥着重要作用。森林可以吸收大量的二氧化碳，释放氧气，调节气温和湿度；湿地则具有蓄水和净化水质的功能。气象历史资源中包含了这些生态系统对气象条件的响应记录，如森林火灾的发生频率和湿地干涸的周期等，这些数据有助于更好地保护和管理这些宝贵的自然资源。

第二节 人造气象景观资源

一、人造气象景观资源的成因与特点

人造气象景观资源是指通过人为手段创造或模拟自然天气现象而形成的景观

资源。这些景观不仅丰富了人们的娱乐生活,还具有一定的科学教育意义。以下是对人造气象景观资源成因与特点的进一步探讨。

(一)人造气象景观资源的成因

科技发展。随着科技的进步,人们能够利用现代技术手段模拟出各种自然气象现象。例如,通过计算机控制的大型投影设备和特效装置,可以在室内创造出逼真的雷电、雨雪等气象景观。

旅游需求。为了吸引游客,许多旅游景点和主题公园开始引入人造气象景观。这些景观不仅增加了景点的吸引力,还能为游客提供独特的体验。

教育目的。学校和科普场馆通过人造气象景观向公众普及气象知识。例如,气象博物馆中的模拟台风、龙卷等展览,使参观者能够直观地了解这些气象现象的形成过程和危害。

(二)人造气象景观资源的特点

可控性。与自然气象现象相比,人造气象景观的最大特点是可控性。人们可以根据需要调整景观的强度、持续时间和出现时间,确保游客的安全和体验效果。

多样性。人造气象景观涵盖了多种气象现象,如雷电、雨雪、彩虹、雾等。这些景观可以单独存在,也可以相互结合,创造出丰富多彩的视觉效果。

互动性。许多人造气象景观设计了互动环节,让游客能够亲身参与到景观的形成过程中。例如,在模拟雷电的展览中,游客可以通过操作按钮来模拟雷电的产生,增强体验感。

科普性。人造气象景观不仅仅是视觉上的享受,还具有很强的科普教育功能。通过这些景观,游客可以更直观地了解气象科学知识,提高公众的科学素养。

环保性。与传统的娱乐项目相比,人造气象景观通常更加环保。它们不需要消耗大量的自然资源,也不会对环境造成破坏,符合可持续发展的理念。

二、人造气象景观资源的旅游价值与意义

随着科技的进步和人类对自然现象的深入理解,人造气象景观逐渐成为一种新兴的旅游资源。这些景观不仅为旅游业注入了新的活力,还为游客提供了独特的体验。

人造气象景观为旅游业带来了新的增长点。传统的自然景观和人文景观已经无法完全满足现代游客的需求。人造气象景观以其独特性和科技含量,吸引了大量寻求新奇体验的游客。例如,大型室内滑雪场、人造海浪游泳池和虚拟现实天气体验馆等,都为游客提供了全新的旅游体验。

人造气象景观有助于提升旅游目的地的知名度和吸引力。通过打造具有特色的气象景观,旅游目的地可以迅速提升其在国内外的知名度。例如,某个城市通

过建设世界上最大的室内人造雨林,吸引了大量国内外游客,成为该城市的新地标。

人造气象景观具有教育意义。许多气象景观不仅供游客娱乐,还具有科普功能。游客在享受乐趣的同时,可以了解气象知识和环境保护的重要性。例如,一些气象博物馆和科技馆通过互动展览,让游客亲身体验气候变化和气象灾害,从而增强他们的环保意识。

人造气象景观有助于推动旅游业的可持续发展。传统的旅游资源往往受到自然条件的限制,而人造气象景观则可以在任何地方、任何时间进行开发和利用。这不仅减少了对自然资源的依赖,还为旅游业提供了更多的发展空间。同时,通过科学规划和管理,人造气象景观可以在不破坏环境的前提下,为游客提供高质量的旅游体验。

三、人造气象景观资源的分类

(一)人造气象景观资源的主要分类

按照其功能和目的进行分类。人造气象景观资源可分为观赏型、体验型和教育型。观赏型景观通过创意设计提供视觉美感,如利用灯光投影技术营造星空。体验型景观让游客参与模拟气象,如风洞技术和人工降雨系统,增强对气象现象的理解。教育型景观注重知识传播,如互动展览和虚拟现实技术,提高公众对气象科学的认识,激发科学探索兴趣。

按照其技术实现方式分类。人造气象景观资源可分为物理模拟和数字模拟两大类。物理模拟利用机械设备和物理原理,提供真实体验,如人造雾和风洞技术。数字模拟则用计算机和虚拟现实技术,创造沉浸式体验,如虚拟极光体验。这些分类满足不同游客需求,为旅游业带来新机遇。随着科技发展,未来人造气象景观资源将更加多样化,为旅游业发展提供更多可能性。

(二)人造气象景观资源的主要类型分析

1. 冰雪雕塑

冰雪雕塑是利用天然或人造冰雪资源,通过艺术家的创意和雕刻技艺,制作出的各种形态各异的景观。这些景观通常在冬季或冰雪节期间展出,如哈尔滨国际冰雪节上的大型冰雕作品。冰雪雕塑不仅展示了自然的美丽,还体现了人类的智慧和创造力。

2. 人造彩虹

人造彩虹是通过人工制造的水雾和阳光的折射与反射来实现的。常见的方法包括使用高压喷雾器或特制的喷水装置,在特定的光照条件下,创造出类似自然彩虹的效果。人造彩虹常用于公园、游乐园和各种庆典活动中,为人们带来视觉上的享受。

3. 人造蜃景

人造蜃景是通过特定的光学设备和环境布置，模拟自然中的海市蜃楼的现象。例如，在某些科技馆或展览中，利用全息投影技术，结合特定的背景和道具，营造出在沙漠或海面上出现的幻象一般的景观。这种景观不仅令人惊叹，还能帮助人们更好地理解自然现象的原理。

4. 人造雾

人造雾是通过在空气中喷洒微小的水滴，利用其与周围空气的温差，形成类似自然雾的效果。这种技术广泛应用于公园、景区、舞台背景和主题公园中，为游客提供一种神秘而浪漫的氛围。人造雾还可以用于降低环境温度、改善植物生长条件。

5. 人造雨雪

人造雨雪是通过特定的设备模拟自然降雨和降雪的过程。在电影拍摄、舞台表演和主题公园中，这种技术可以创造出逼真的雨雪场景，增强观众的沉浸感。例如，在某些大型演出中，利用雨雪机制造出的雨雪效果，使观众仿佛置身于真实的自然环境中。

通过这些技术手段，人类不仅能够欣赏到自然气象景观的美丽，还能在各种场合中创造出独特的视觉体验。人造气象景观资源的开发和应用，为生活增添了更多的色彩和乐趣。

四、人造气象景观资源的空间分布

人造气象景观资源的空间分布主要受到旅游需求、科技发展水平以及当地气候条件的影响。在气候条件适宜的地区，如寒冷的北方或四季分明的地区，冰雪雕塑和人造雾等景观较为常见。这些地区能利用其自然条件的优势，结合科技手段，创造出独特的旅游体验。

沿海地区。沿海地区由于其独特的地理环境，适合开发与海洋相关的气象景观，如人造海市蜃楼。这些景观不仅能够吸引游客，还能结合海洋文化，提升旅游产品的文化内涵。

高山峡谷区。高山峡谷区因其地形的特殊性，适合开发与山地相关的气象景观，如人造云海。这些景观能够为游客提供一种超脱尘世的体验，增加旅游的吸引力。

沙漠和干旱区。沙漠和干旱区由于其独特的气候条件，适合开发与沙漠相关的气象景观，如人造海市蜃楼。这些景观能够为游客提供一种探索未知的刺激感，同时也能增强人们对自然现象的理解。

平原和盆地。平原和盆地地区适合开发与开阔视野相关的气象景观，如人造彩虹。这些景观能够为游客提供一种视觉上的享受，同时也能增加旅游活动的多样性。

城市地区。城市地区由于其人口密集和科技发达的特点，适合开发与城市景观相结合的气象景观，如人造雨雪。这些景观能够为城市居民提供一种与自然亲近的机会,同时也能丰富城市的夜生活。

极地地区。极地地区由于其极端的气候条件,适合开发与极地相关的气象景观,如人造极光。这些景观能够为游客提供一种探索极地奥秘的体验,同时也能增强人们对环境保护的意识。

第三节　人造气象设施与气象建筑资源

一、人造气象设施与气象建筑资源的成因与特点

(一)人造气象设施与气象建筑资源的成因

科技进步。随着科技的不断进步,越来越多的高科技手段被应用于人造气象设施与气象建筑的设计和建造中,使得这些资源能够更加真实地模拟自然气象现象。

旅游需求。现代旅游者追求新奇和体验式的旅游方式,人造气象设施与气象建筑资源满足了这一需求,为旅游市场提供了新的增长点。

教育目的。依靠人造气象设施与气象建筑资源,可以有效地进行气象科普教育,提高公众对气象科学的认识和理解。

环保意识。人造气象设施与气象建筑资源的开发和利用,有助于提升公众的环保意识,促进可持续旅游的发展。

(二)人造气象设施与气象建筑资源的特点

互动性。人造气象设施与气象建筑资源通常设计有互动环节,使游客能够亲身参与和体验气象现象的形成过程,从而增强体验的趣味性和教育性。

科普性。这些资源不仅提供视觉上的享受,还通过展示气象科学原理和相关知识,成为科普教育的重要平台,尤其适合学校和家庭的教育旅行。

环保性。在设计和建造过程中,人造气象设施与气象建筑资源注重环保材料的使用和能源的高效利用,力求在提供旅游体验的同时,减少对环境的影响。

多样性。人造气象设施与气象建筑资源的种类繁多,从简单的气象科普展览到复杂的模拟气象环境,可以满足不同年龄和兴趣的游客需求。

可控性。与自然气象现象相比,人造气象设施与气象建筑资源的优势在于其可控性,可以根据需要调整和重现特定的气象条件,为游客提供稳定和安全的体验环境。

二、人造气象设施与气象建筑资源的旅游价值与意义

科普教育的平台。人造气象设施与气象建筑资源不仅为游客提供了互动体验的机会,而且成了一个科普教育的平台。通过模拟和展示气象现象,这些设施和资

源能够帮助游客,尤其是青少年,更好地理解复杂的气象科学原理。例如,通过互动展览,游客可以直观地看到风力如何影响天气变化,或者云的形成过程。这种亲身体验的方式,比起传统的课堂学习,更能激发学习兴趣,提高科学素养。

旅游体验的创新。人造气象设施与气象建筑资源为旅游体验带来了创新。它们通过高科技手段,如虚拟现实、增强现实等技术,创造出独特的旅游体验。游客可以在虚拟环境中体验到极端天气现象,如龙卷、雷暴等,而无须担心安全问题。这种创新的体验方式,不仅丰富了旅游产品,也满足了游客对新奇体验的追求。

文化与艺术的融合。人造气象设施与气象建筑资源在设计上往往融入了当地的文化元素和艺术风格,成为展示地方特色和促进文化交流的重要场所。例如,一些气象建筑可能采用传统建筑风格,结合现代科技,创造出既具有历史感,又不失现代感的旅游景点。通过这样的设施和资源,游客不仅能体验到气象现象,还感受到地方文化的魅力。

环保意识的提升。在设计和建造过程中,人造气象设施与气象建筑资源注重环保材料的使用和能源的高效利用。这不仅减少了对环境的影响,也向公众传递了环保和可持续发展的理念。游客在享受旅游体验的同时,也能够学习到如何在日常生活中实践环保行为,从而提升整个社会的环保意识。

社区参与与经济发展的促进。人造气象设施与气象建筑资源的建设和运营往往需要当地社区的参与,这不仅能够促进当地居民的就业,还能带动相关产业链的发展。例如,气象主题公园的建设可能会吸引餐饮、住宿、交通等相关行业的投资,从而促进当地经济的发展。同时,这些设施和资源也成了社区居民休闲娱乐的好去处,增强了社区的凝聚力和居民的归属感。

三、人造气象设施与气象建筑资源的分类

(一)人造气象设施与气象建筑资源的主要分类

按照功能和目的分类。人造气象设施与气象建筑资源可以分为教育型、娱乐型和研究型。教育型设施主要以科普教育为目的,如气象博物馆和科普中心;娱乐型设施则更注重游客的互动体验和娱乐性,如主题公园内的气象体验区;研究型设施则为气象科学研究提供实验平台,如专业的气象观测站。

按照技术实现方式分类。人造气象设施与气象建筑资源可以分为模拟型和真实型。模拟型设施通过模拟自然气象现象来提供教育和娱乐体验,如模拟龙卷的设施;真实型设施则是利用自然环境中的气象条件,如利用山地的风力资源建设的风力发电站。

按照地理区域分类。人造气象设施与气象建筑资源可以分为城市型、乡村型和自然保护区型。城市型设施通常位于人口密集的地区,如城市公园内的气象主题区;乡村型设施更多地利用乡村的自然环境,如农场中的气象科普园;自然保护区型

设施则位于特定的自然保护区,如高山气象观测站。

按照对公众开放程度分类。人造气象设施与气象建筑资源可以分为开放型和限制型。开放型设施对公众完全开放,如城市公园内的气象科普区;限制型设施则可能需要预约或在特定时间开放,如某些专业的气象观测站。

按照创新性程度分类。人造气象设施与气象建筑资源可以分为传统型和创新型。传统型设施沿用已有的设计理念和技术,如传统的气象观测塔;创新型设施则采用新技术或新理念,如利用人工智能技术的气象预测系统。

(二)人造气象设施资源的主要类型分析

1. 气象观测站

这是最基本的人造气象设施,通常包括温度、湿度、风速、风向、气压和降水量等气象要素的观测设备。气象观测站可以分为地面气象观测站、高空气象站和自动气象站等类型。

2. 雷达站

气象雷达是通过发射和接收无线电波来探测大气中的降水粒子、风暴和龙卷等现象的设备。雷达站通常分为固定式和移动式两种,前者用于常规监测,后者则用于特殊天气事件的应急响应。

3. 卫星遥感设备

气象卫星通过搭载的传感器从太空中获取地球大气和地表的信息。这些设备可以提供全球范围内的气象数据,对于监测大范围天气系统和气候变化具有重要意义。

4. 气象探空气球

气象气球携带气象仪器升入高空,测量温度、湿度、风速和风向等气象要素。这些数据对于研究大气层结构和天气变化具有重要价值。

(三)人造气象建筑资源的主要类型分析

1. 气象博物馆

气象博物馆通过展示气象仪器、历史资料和科普知识,向公众普及气象科学知识。这些博物馆不仅具有教育意义,还具有一定的历史和文化价值。

2. 气象培训中心

为了培养气象专业人才,许多国家和地区建立了气象培训中心。这些中心通常配备先进的教学设备和模拟系统,为学员提供实践操作的机会。

3. 气象展览馆

气象展览馆通过展示气象科技的最新进展和应用实例,展示气象科学在现代社会中的重要作用。这些展览馆通常面向公众开放,有助于提高公众对气象科学的认识和兴趣。

4. 气象研究实验室

为了深入研究气象现象和气候变化,许多研究机构建立了专门的气象研究实验室。这些实验室配备了先进的仪器设备,为科学家提供了理想的研究环境。

5. 气象研究与学习场馆

气象研究与学习场馆指对气象学科门类进行观测研究、科普宣传、展览教育等功能的机构、建筑物或地点。例如,北极阁观象台位于南京市,是一座历史悠久的气象观测站。它不仅见证了中国气象事业的发展,还成了一个集科研、教育和旅游于一体的多功能场所。观象台内设有多个展览厅,通过丰富的历史文物和现代科技手段,向公众展示气象科学的魅力。

合肥气象科普馆则是一个现代化的科普教育基地,它利用高科技手段,如虚拟现实技术,让参观者身临其境地体验各种极端天气现象。此外,科普馆还定期举办各类气象知识讲座和互动活动,吸引了大量学生和家长前来参观学习。

美国科罗拉多州的国家大气研究中心(NCAR)是一个集研究、教育和公共参与于一体的综合性气象研究机构。NCAR不仅拥有世界一流的科研设施,还设有专门的展览区,向公众介绍大气科学的最新研究成果。

日本的东京气象馆通过展览、教育和研究活动普及气象知识,提高公众对气候变化的认识。馆内设有户外花园,展示不同气候下的植物,并设有气象观测站供游客学习测量数据。馆内的气象科学教育项目与学校合作,让学生在馆内实习,分析数据进行研究,激发学生科学兴趣并提供实践经验。馆内还会在极端天气事件期间举办特别讲座和研讨会,帮助公众了解、应对自然灾害。此外,馆内还运用VR和AR技术提供沉浸式气象体验,增强人们对自然奇观的理解。东京气象馆通过多样化展示和互动体验,普及气象知识,激发人们的科学探索热情,为应对气候变化做出贡献。

四、人造气象设施资源的空间分布

沿海地区。沿海地区由于其独特的地理位置,常常成为气象观测和研究的热点。这些区域的气象设施资源丰富,包括用于监测台风、海雾、海浪等海洋气象现象的雷达站和卫星遥感设备。沿海城市的气象博物馆和展览馆也较为常见,它们不仅为公众普及气象知识,还是旅游景点,吸引着众多游客。

高山峡谷区。高山峡谷区因其特殊的地形地貌,成为气象观测的理想地点。这些区域的气象设施资源包括高海拔的气象观测站和用于研究山地气象现象的特殊设备。此外,一些地区还建立了气象培训中心,为气象专业人才提供实践操作的机会,同时也为登山爱好者和科研人员提供气象知识的教育和培训。

沙漠和干旱区。沙漠和干旱区的气象设施资源主要集中在对极端气候条件的研究和监测上。这些区域的气象设施包括用于研究沙尘暴、干旱等现象的观测站和遥感设备。沙漠地区的气象博物馆和展览馆则通过展示当地独特的气象资源和环境,增强公众对气候变化和环境保护的认识。

平原和盆地。平原和盆地地区由于其广阔的视野和相对稳定的气候条件,成为气象观测和研究的重要基地。这些区域的气象设施资源包括气象观测站、气象雷达站和卫星遥感设备等。平原地区的气象博物馆和展览馆通常会展示气象科技的最新进展,以及气象科学在现代农业、城市规划等方面的应用实例。

城市地区。城市地区由于人口密集和经济活动频繁,对气象服务的需求较高。因此,城市地区通常配备有先进的气象观测站和气象雷达站,用于提供精确的天气预报和灾害预警服务。城市中的气象博物馆和展览馆则通过互动式展览和教育活动,提高市民对气象科学的认识和兴趣。此外,一些城市还利用气象科技开发了气象主题公园和科普教育中心,成为市民休闲娱乐和学习科学知识的好去处。

极地地区。极地地区因其极端的气候条件和独特的自然环境,成为研究全球气候变化的重要区域。这些地区的气象设施资源包括用于监测极地气候和冰川变化的观测站和遥感设备。极地气象博物馆和展览馆则通过展示极地气象现象和气候变化的影响,增强公众对全球气候问题的关注。此外,极地地区还设有专门的气象研究实验室,为科学家提供研究极地气候和环境变化的理想场所。

五、人造气象建筑资源的空间分布

沿海地区。沿海地区不仅在气象设施资源上占有重要地位,人造气象建筑资源也同样丰富。例如,沿海城市常设有气象博物馆和展览馆,这些场馆不仅展示气象科学知识,还结合当地海洋文化特色,提供独特的旅游体验。此外,一些沿海地区还建立了气象主题公园,利用人造气象景观,如人造海浪、人造风等,为游客提供模拟海洋气象环境的互动体验。

高山峡谷区。高山峡谷区的人造气象建筑资源同样具有其特色。在这些区域,除了专业的气象观测站和培训中心外,还可能设有以气象为主题的旅游景点。例如,一些高山气象站被改造成为旅游观光点,游客可以在专业人员的陪同下,了解高山气象观测的工作流程,并体验高山特有的气象现象。此外,一些地区还利用其独特的地形优势,开发了气象科普教育基地,通过模拟气象实验和互动展览,向公众普及气象知识。

沙漠和干旱区。沙漠和干旱区的人造气象建筑资源主要体现在对极端气候条件的科普教育和研究上。沙漠地区的气象博物馆和展览馆通过展示当地特有的气象现象和环境,如沙尘暴、干旱等,向公众传达气候变化和环境保护的重要性。此外,一些地区还利用人造气象景观,如人造沙漠风暴,为游客提供模拟体验,增强其对极端气象现象的理解。

平原和盆地。平原和盆地地区的人造气象建筑资源更多地体现在气象科技的应用和推广上。这些区域的气象博物馆和展览馆不仅展示气象科技的最新进展,还通过互动式展览和教育活动,提高公众对气象科学的认识和兴趣。此外,一些平原地区的气象主题公园和科普教育中心,利用人造气象景观,如人造云、人造雨等,为游客提供科普教育和休闲娱乐的双重体验。

城市地区。城市地区的人造气象建筑资源更加多样化。除了常规的气象博物馆和展览馆外,城市地区还可能设有气象主题公园和科普教育中心。这些场所通过人造气象景观和互动展览,不仅提供科普教育,还成为市民休闲娱乐的好去处。例如,一些城市利用人造气象景观,如人造雷暴、人造彩虹等,为游客提供模拟自然气象现象的体验,同时结合现代科技,如虚拟现实技术,为旅客提供更加生动的科普教育体验。

极地地区。极地地区的人造气象建筑资源集中在对极端气候条件的研究和科普教育上。极地气象博物馆和展览馆通过展示极地特有的气象现象和气候变化的影响,增强公众对全球气候问题的关注。此外,一些极地地区还设有专门的气象研究实验室,为科学家提供研究极地气候和环境变化的理想场所。同时,极地地区还可能利用人造气象景观,如模拟极光、人造冰川等,为游客提供独特的科普教育和旅游体验。

第六章 气象文创旅游资源

第一节 气象文创旅游资源的概念

一、文创资源的概念

文创资源是指通过创意人的智慧、技能和天赋,借助高科技手段,对文化资源进行创造与提升,通过知识产权的开发和运用,产生的高附加值的产品。这些资源不仅包括文化产品,还涵盖文化服务和智能产权,二者共同构成了文化创意产业。

文创资源是将文化资源以创意的形式展现出来的现代社会产品。这些产品不仅具有物质形态,还包含精神层面的概念,并通过物化的形式表现出来。文创资源可以按照层次和国别进行分类,涵盖各种艺术品、文化旅游纪念品、办公用品、家居日用品等。

文创资源的应用非常广泛,涵盖了多个领域。例如,故宫文创产品,包括故宫日历、以故宫藏品为设计灵感的文具和装饰品等,因其独特的设计和文化内涵而广受欢迎。此外,三星堆IP(知识产权)和西游记IP也通过创意转化和创新性发展,实现了文化资源的创造性利用。

文创资源的发展不仅促进了经济和社会变革,还在与其他产业加速融合,与数字经济时代的生活方式相结合,生发出许多新模式和新业态。这种融合和创新不仅提升了文化资源的价值,还创造了新的就业机会和财富。

二、文创旅游资源的概念

文创旅游资源是指那些能够吸引游客,并具有文化内涵的自然和人文景观、历史遗迹、艺术作品、节庆活动等,它们通过创意性的开发和包装,转化为具有旅游吸引力的资源。这些资源不仅能够为游客提供独特的文化体验,还能够促进地方文化的传播和保护。

文创旅游资源的开发往往需要深入挖掘地方特色和历史背景,通过故事化、主题化的方式,将文化元素与旅游产品相结合,创造出具有吸引力的旅游项目。例如,通过将传统手工艺、民间艺术、历史故事等元素融入旅游产品设计中,可以增强旅游产品的文化深度和市场竞争力。

在开发文创旅游资源时,需要注重保护和传承文化资源,避免过度商业化导致的文化失真。同时,通过与现代科技结合,如虚拟现实、增强现实等技术手段,可以为游客提供更加丰富的互动体验,进一步提升旅游产品的吸引力。

文创旅游资源的开发和利用,不仅能够为旅游目的地带来经济效益,还能够促进当地文化的保护和传承,实现文化与旅游的可持续发展。通过文创旅游,可以将文化资源转化为经济资源,为地方经济注入新的活力,同时提升公众对文化遗产的认识和尊重。

三、气象文创旅游资源的概念

气象文创旅游资源是指将气象科学与文化创意、旅游产业相结合,形成的独特的旅游产品和服务。这种新型的旅游资源不仅能够丰富旅游体验,还能提高公众对气象科学的认识和兴趣。

首先,气象文创旅游资源可以借助气象现象的独特性和神秘感,打造一系列主题旅游项目。例如,利用日食、月食、极光等罕见的天文现象,开发观测旅游活动。游客可以在专业导游的讲解下,了解这些现象的科学原理,并在最佳观测点欣赏壮丽的自然奇观。

其次,气象文创旅游资源可以结合地方特色,打造气象主题公园或景区。例如,在多雨的地区,可以建设以雨文化为主题的公园,展示不同种类的雨滴、雨声、雨景等,让游客在雨中漫步,感受雨的浪漫与诗意。此外,还可以利用气象数据,开发气象科普展览和互动体验项目,让游客在游玩的同时学习气象知识。

再次,气象文创旅游资源可以通过气象节庆活动吸引游客。例如,在台风多发季节,可以举办台风文化节,通过展览、讲座、互动体验等形式,介绍台风的形成、危害及防御措施。游客不仅能了解气象知识,还能体验到台风带来的独特氛围。

最后,气象文创旅游资源还可以结合现代科技手段,打造虚拟现实气象体验馆。游客戴上VR设备,可以身临其境地体验各种气象现象,如龙卷、雷暴、闪电等。这种高科技的互动体验,将使游客在虚拟世界中感受到气象的魅力。

总之,气象文创旅游资源概念的提出,为旅游业注入了新的活力。通过将气象科学与文化创意、旅游产业相结合,不仅可以丰富旅游产品和服务,还能提高公众对气象科学的认识和兴趣。未来,随着科技的进步和创意的不断涌现,气象文创旅游资源将拥有更加广阔的发展空间。

第二节　气象文创旅游资源的成因与特点

一、气象文创旅游资源的成因

科技进步。科技的发展,尤其是信息技术和虚拟现实技术的进步,为气象文创旅游资源的开发提供了新的可能性。例如,通过 VR 技术,游客可以体验到虚拟的气象现象,如龙卷、雷暴等,这种体验是传统旅游所无法提供的。

社会需求。在现代社会中,人们对于旅游体验的需求日益多样化,越来越多的追求个性化和富有教育意义的旅游产品。气象文创旅游资源能够满足游客对于知识性、趣味性、互动性的需求,提供独特的旅游体验。

文化创意。文化创意产业的兴起为气象旅游资源的开发注入了新的活力。通过将气象元素与艺术、设计、教育等相结合,创造出具有吸引力的文化产品和服务,气象文创旅游资源因此得以丰富和发展。

二、气象文创旅游资源的特点

气象文创旅游资源以其独特性和多样性,在现代旅游业中如花般绽放。这些资源不仅涵盖了气象现象、气象设备、气象历史和气象文化等多个方面,还具有以下特点。

季节性与变化性。气象现象具有明显的季节性和变化性,这使得气象文创旅游资源呈现出丰富多彩的季节特色。例如,春天的樱花与雷雨、夏天的雷暴与彩虹、秋天的大雾与红叶、冬天的雪景与冰瀑,都是不同季节的气象景观。游客可以根据季节变化选择不同的气象旅游项目,体验不同的自然美景。

科普教育性。气象文创旅游资源往往具有很强的科普教育意义。通过参观气象博物馆、气象观测站等场所,游客可以了解气象知识,包括气候变化、气象灾害防御等内容。这种寓教于乐的方式,特别适合家庭和学生团体旅游,有助于提高公众的科学素养。

互动体验性。现代气象文创旅游注重游客的互动体验。许多气象景区和博物馆设置了互动展览和体验项目,如气象模拟实验室、气象预报体验区、气象科普讲座等。游客可以在专业人员的指导下,亲自操作气象仪器,体验预报天气的过程,甚至参与气象科学实验,从而获得更深入的了解和乐趣。

地域文化融合性。气象现象与各地的地理环境、历史文化紧密相连,形成了独特的地域气象文化。例如,高原地区的日照气象、沿海地区的台风气象、沙漠地区的沙尘暴气象等,都具有鲜明的地域特色。游客在体验气象景观的同时,还能深入了解当地的风土人情和历史文化,实现旅游与文化的有机结合。

第三节 气象文创旅游资源的分类

一、气象文创旅游资源的主要分类

按照气象现象的类型分类。气象现象是气象文创旅游资源的核心,可分为天气、气候和极端天气现象。天气现象涵盖日常变化,如晴、阴、雨、雾天;气候现象包括季节性变化,如春暖和秋爽;极端天气现象则指台风、龙卷、暴雨和干旱等罕见且影响大的事件。

按照气象文创产品的形式分类。气象文创产品将气象元素融入各种商品和服务中,可以按照其形式进行分类。例如,可以分为气象主题的旅游纪念品、气象科普图书、气象主题的展览和活动、气象主题的数字内容(如APP、游戏)等。这些产品不仅能够吸引游客,还能够传播气象知识,提升公众对气象科学的兴趣。

按照气象文创旅游的体验方式分类。气象文创旅游体验多样,可分为四种类型:互动体验型,如气象模拟实验室;观赏体验型,如极光观赏旅游;教育体验型,如气象科普讲座;休闲体验型,如气象主题公园。

按照气象文创旅游的开发目的分类。气象文创旅游的开发目的不同,可以根据其目的进行分类。例如,可以分为教育型、娱乐型、商业型和保护型。教育型,如气象科普旅游,旨在通过旅游活动普及气象知识;娱乐型,如气象节庆旅游,旨在通过节日庆典活动提供娱乐体验;商业型,如气象主题商品销售,旨在通过商品销售提升经济效益;保护型,如气象文化遗产保护旅游,旨在保护和传承与气象相关的文化遗产。

二、气象文创旅游资源的主要类型分析

气象文创旅游资源是指那些能够结合气象现象、气象知识和气象文化,通过创意设计和文化包装,形成具有独特吸引力的旅游产品和旅游体验。这些资源不仅能够丰富旅游内容,还能提升游客的科学素养和文化体验。以下是对气象文创旅游资源的进一步分类。

气象景观类。这类资源主要以自然气象现象为依托,通过创意设计,将气象景观转化为旅游产品。例如,通过虚拟现实技术,游客可以在室内体验到包括黄山云海、北极光等在内的自然奇观,即使在恶劣天气或地理位置限制下也能欣赏到这些美景。

气象体验类。这类资源侧重于游客的参与和体验,通过互动式展览、模拟实验等形式,让游客亲身体验气象变化的过程。例如,气象模拟实验室允许游客通过操

作设备来模拟不同的天气现象,从而获得直观的气象知识。

气象文化类。这类资源将气象与当地文化相结合,通过节庆活动、民俗表演等形式展现气象文化。例如,一些地区会举办以气象为主题的节庆活动,包括风情节、雨神祭等,游客在参与这些活动的同时,能够了解和体验到与气象相关的传统文化。

气象产品类。这类资源包括以气象为主题的各类商品,如气象主题的纪念品、服饰、玩具等。这些产品不仅具有实用价值,还富有教育意义,能够激发游客对气象知识的兴趣。气象文创商品涵盖纪念品、文具、服饰等,结合气象主题设计,既实用又具教育意义。例如,气象纪念品,包括迷你气象站和立体拼图,能装饰空间并激发人们对气象科学的兴趣。文具产品,包括带有气象图案的笔记本和笔,能够增添生活色彩,同时提供气象知识。服饰方面,T恤、帽子等时尚单品印有气象元素图案,既个性又时尚。户外装备,包括防风外套,能够满足户外运动需求。家居装饰品,包括墙贴、抱枕,融入气象元素,打造自然气息。灯具,包括模拟闪电台灯和云朵夜灯,在装饰家居的同时还能营造温馨氛围。在礼品市场中,气象主题礼品套装,如钥匙扣、冰箱贴,实用且能够传递情感。这些商品通过创意设计,让人们对气象产生兴趣,学习科学知识,丰富生活,推动科学普及。气象艺术作品,如绘画、雕塑和摄影等形式,展现了气象现象与艺术的融合。艺术家们以细腻的笔触和精湛的技艺,捕捉了电闪雷鸣的暴雨、呼啸的风和壮丽的日出日落等自然景象,以及云的千变万化。这些作品不仅体现了气象与艺术的结合,还激发了人们对自然现象的思考,提醒人们气象是生活中的一部分,既美丽又神秘。它们让人们深刻感受到自然的力量和美丽,促使人们珍惜和保护环境。

气象科普教育类。这类资源注重通过科普教育活动提升公众对气象科学的认识。例如,气象科普讲座、展览和互动式教育活动,通过有趣的方式向公众普及气象知识,提高公众的科学素养。世界气象日期间,气象部门通过举办讲座、展览、互动体验和竞赛等活动,提升公众对气象科学的了解。当天,气象博物馆免费开放,展示仪器和数据应用,专家现场讲解天气和气候变化。学校组织学生参观气象站和制作气象仪器,以直观方式教授气象原理。环保组织发起植树和节能活动,提高人们的环保意识。媒体推出特别节目和报道,介绍气象科学进展和专家解读,增强公众对气象灾害的防范意识。这些活动丰富了公众的科学知识,提升了公众的环境保护意识,促进了社会可持续发展。开设面向不同年龄段的气象科普课程,通过讲座、工作坊等形式,普及气象知识。出版气象科普图书、制作气象主题的纪录片和电影,传播气象科学知识。

第四节　气象文创旅游资源的空间分布

气象文创旅游资源的空间分布具有多样性和独特性,主要体现在以下几个方面。

气候带分布。不同气候带孕育了不同的气象现象和景观,如热带地区的台风、暴雨,温带地区的四季分明、雪景,以及极地地区的极光和冰川。这些独特的气象现象为各地的文创旅游提供了丰富的素材。

地理环境特征。山脉、高原、平原、海洋等地形地貌对气象条件有着显著影响,形成了各具特色的气象景观。例如,高山地区的云海、雾凇,沿海地区的海雾、海市蜃楼,以及沙漠地区的热浪和沙尘暴等。

季节性变化。气象资源具有明显的季节性特征,不同季节的气象景观及活动丰富多彩。春季的樱花与雷雨,夏季的雷暴与彩虹,秋季的红叶与大雾,冬季的雪景与冰雕等,为文创旅游提供了四季皆宜的开发潜力。

城市与乡村差异。城市与乡村的气象资源也存在差异。城市中的气象景观多与建筑、灯光相结合,如雨后的霓虹灯光、雪后的城市夜景等;乡村则更多地保留了自然气象景观,如农田中的晨雾、山间的云海等。

第七章 气象旅游资源调查与评价

第一节 气象旅游资源调查

一、气象旅游资源调查概况

气象旅游资源调查是一项系统而复杂的工作,它不仅需要对气象学和旅游学有深入了解,还需要具备地理、生态、文化等多方面知识。通过对气象旅游资源的调查,可以更好地开发和利用这些资源,为旅游业的发展提供科学依据。

气象旅游资源调查需要收集大量的气象数据。这些数据包括温度、湿度、风速、风向、降水量、日照时数等。通过对这些数据的分析,可以了解某一地区的气候特征和季节变化规律。例如,某些地区在特定季节会有独特的气象现象,包括雾、云海、彩虹、极光等,这些都是宝贵的气象旅游资源。

气象旅游资源调查需要对旅游资源进行详细调查和评估。这包括对自然景观、人文景观、生态系统的调查,以及对旅游基础设施和服务设施的评估。例如,某些地区可能因其独特的气候条件而拥有壮丽的山川、秀美的湖泊、丰富的生物多样性等自然景观,这些都是吸引游客的重要因素。

气象旅游资源调查需要考虑文化因素。许多气象现象在不同文化中有着不同的象征意义和传说故事,这些文化元素可以为旅游产品增加更多的吸引力。例如,某些地区在特定节日会有与气象相关的传统活动,如放风筝、观星等,这些活动可以成为旅游项目的一部分。

气象旅游资源调查需要制定科学合理的调查方案。调查方案应充分考虑环境保护和可持续发展,避免对自然环境和生态系统造成破坏。例如,在调查气象旅游资源时,可以建设观景台、气象科普馆等设施,提供气象观测、科普教育等服务,使游客在欣赏美景的同时,也能了解气象知识,增强环保意识。

总之,气象旅游资源调查是一项综合性的工作,需要多学科的交叉合作。通过对气象旅游资源的深入调查和科学评估,可以更好地开发和利用这些资源,推动旅游业的可持续发展,为游客提供更加丰富多彩的旅游体验。

二、气象旅游资源调查原则

在进行气象旅游资源调查时,必须遵循以下原则,以确保调查结果的准确性和实用性。

综合性原则。在进行气象旅游资源的调查工作时,必须全面地考虑包括自然环境、社会状况、经济发展水平以及文化背景等众多方面的因素。这样的综合考量有助于确保调查结果能够全面而准确地反映出旅游资源的潜力和价值,从而为旅游规划和开发提供科学、合理的依据。

科学性原则。在进行调查研究时所采用的方法和数据处理的手段必须严格遵循科学的原理和既定的规范,以确保调查过程中收集到的信息和数据的准确性和真实性。此外,为了保证调查结果的客观性和可靠性,必须对数据进行严谨的分析和处理,避免任何可能的偏差和误差。这包括但不限于使用恰当的统计工具、确保样本的代表性以及在分析过程中保持中立和无偏见的态度。只有这样,调查结果才能真实反映研究对象的实际情况,为决策提供有力依据。

可持续性原则。在进行调查研究的过程中,必须全面考虑资源的可持续利用问题,确保在探索和开发过程中不会对自然环境和生态系统造成任何永久性的破坏。这包括对自然资源的合理规划和管理,以及对潜在的环境影响进行细致评估,从而采取适当的预防措施。其目标是实现人类活动与自然环境之间的和谐共存,确保未来世代也能享受到地球上的丰富资源,同时保护生物多样性和生态平衡。

实用性原则。调查结果应当具备实际的应用价值,能够为旅游规划、开发以及管理提供坚实而科学的依据。通过对旅游市场的深入研究和分析,可以揭示游客的需求和偏好,从而指导旅游目的地的合理规划,确保旅游资源的合理配置和有效利用。此外,调查结果还可以帮助旅游管理者识别潜在的市场机会和挑战,制定相应的策略,从而提升旅游服务质量和游客满意度。最终,这些调查结果将有助于推动旅游业的可持续发展,为旅游相关企业和当地社区带来长期的经济和社会效益。

保护性原则。在进行气象旅游资源的调查和开发过程中,应当特别重视对自然环境的保护以及对文化遗产的维护,确保生态系统的平衡不受破坏。这意味着在开发这些资源时,必须采取一系列措施来减少对环境的影响,如限制游客数量以避免过度拥挤,使用环保材料和可持续的能源,以及实施严格的废物处理和回收计划。同时,对于那些具有历史价值和文化意义的地点,应当进行适当的修复和保护工作,以保持其原有的风貌和文化内涵。此外,提升游客和当地社区关于环境保护和文化遗产重要性的意识也是至关重要的,这样可以确保气象旅游资源的可持续利用,为未来的世代留下宝贵的自然和文化财富。

三、气象旅游资源调查方法

实地考察。通过亲自前往实地进行细致的考察工作,可以深入了解气象旅游资源的真实状况,这不仅包括了那些令人叹为观止的自然景观,如雄伟的山脉、壮阔的瀑布以及迷人的海滩等,还涵盖了丰富多彩的人文景观,如历史悠久的古迹、具有地方特色的民俗活动以及各种文化遗址。除此之外,气象旅游资源中还包含了那些独特且多变的气象现象,比如壮观的雷暴、绚丽的极光,以及令人难以忘怀的日出日落等。这些自然与人文的结合,以及气象的变幻莫测,共同构成了气象旅游资源的丰富多样性,为旅游者提供了独特的体验和探索的机会。

数据分析。搜集和整理气象数据以及旅游相关的统计数据,可以运用一系列统计学的方法和技巧对这些数据进行深入分析。这样的分析有助于揭示气象旅游资源在不同季节和不同地域所展现出来的特征。例如,可以探究在特定季节,哪些地区的天气条件最适合旅游,或者在一年中的哪些时段,特定地区的旅游资源会受到游客的青睐。通过这些分析,不仅能够更好地理解气象旅游资源的季节性变化规律,还能够识别出不同地区旅游资源的地域性差异,从而为旅游规划和管理提供科学依据,促进旅游业的可持续发展。

问卷调查。为了深入了解游客、当地居民以及旅游从业者对于气象旅游资源的认知程度、需求情况以及他们的评价意见,可以进行问卷调查。通过精心设计的问卷,收集这些群体对于气象旅游资源的看法和意见,从而更好地评估气象旅游资源的吸引力和潜在价值,同时也能发现存在的问题和不足之处。问卷内容将涵盖对气象旅游资源的了解程度、使用频率、期望的服务类型、对气象旅游活动的满意度以及改进建议等方面。通过这些数据的分析,能够为气象旅游资源的开发和管理提供科学依据,进而提升旅游体验,促进旅游业的可持续发展。

专家咨询。为确保获取最精确和权威的信息,邀请气象学、旅游学、生态学等领域的专家提供宝贵的专业指导和建议。这些专家凭借其深厚的专业知识和丰富的实践经验,能够提供关于气候变化、旅游规划、生态保护等方面的深入见解,帮助更好地理解相关问题,并制定出更加科学合理的策略和措施。

案例研究。通过对国内外成功的气象旅游资源开发案例进行深入研究,可以总结出一系列宝贵的经验和教训。这些案例不仅展示了如何有效地利用气象资源来吸引游客,还揭示了在开发过程中可能遇到的问题和挑战。通过细致地分析和比较,可以提炼出适合本地实际情况的开发策略,从而为本地气象旅游资源的开发提供有力的参考和指导。这不仅有助于提升本地旅游的吸引力和竞争力,还能促进当地经济的发展和环境的可持续利用。

第二节 气象旅游资源评价

一、气象旅游资源评价概况

气象旅游资源评价价值。气象旅游资源评价是气象旅游资源调查的后续工作,其目的是对已调查的资源进行价值判断和等级划分,为旅游开发提供决策依据。评价工作不仅需要科学的方法和严谨的态度,还需要结合旅游市场的需求和游客的偏好。通过评价,可以确定哪些气象旅游资源具有较高的开发价值,哪些需要进一步保护和改善,从而为旅游业的可持续发展提供有力支持。

气象旅游资源评价体系建构。气象旅游资源评价体系的构建是评价工作的核心内容。一个完善的评价体系应涵盖资源的自然属性、观赏价值、体验性、科学与教育价值以及市场潜力等多个方面。评价体系的构建需要依据科学性原则、系统性原则、实用性原则、可持续性原则、综合性原则和动态性原则,确保评价结果的客观性和全面性。

气象旅游资源评价综合性。在进行气象旅游资源评价时,评价者需要综合考虑资源的自然属性,如气候条件、地理特征、生态状况等,以及资源的观赏价值,包括景观的独特性、美感、视觉冲击力等。同时,资源的体验性,即游客参与和体验的可能性,也是评价的重要内容。此外,资源的科学与教育价值,如对气象学研究的贡献、对公众科学普及的作用等,以及资源的市场潜力,包括旅游产品的创新性和市场接受度等,都是评价时不可忽视的因素。

气象旅游资源评价方法多样性。评价方法的选择对于确保评价结果的准确性至关重要。常用的评价方法包括定性评价、定量评价和综合评价。定性评价侧重于专家意见和游客反馈,定量评价则依赖于数据统计和模型分析,综合评价则是二者的结合。在实际操作中,往往需要将这两种方法相结合,以获得更为全面和深入的评价结果。例如,可以利用层次分析法(AHP)来确定不同评价指标的权重,再结合模糊综合评价法来综合考量各指标的得分,从而得出最终的评价结果。

气象旅游资源评价动态持续性。气象旅游资源评价不是静态的,而是一个动态、持续的过程。随着社会经济的发展、科技进步以及人们旅游需求的变化,气象旅游资源的价值和吸引力也会发生变化。因此,评价工作需要定期进行更新和调整,以确保评价结果能够反映最新的市场和资源状况。同时,评价结果应为旅游规划和管理提供指导,帮助决策者制定科学合理的开发和保护策略,促进气象旅游资源的可持续利用。

二、气象旅游资源评价重要性

为旅游规划提供科学依据。气象旅游资源评价的重要性首先体现在为旅游规划提供科学依据。通过系统评价,可以明确气象旅游资源的特色和优势,为旅游规划者提供详实的数据支持和决策参考。这有助于合理规划旅游线路、开发新的旅游产品和服务,以及优化现有旅游设施,从而提升旅游目的地的整体吸引力和竞争力。

促进资源的合理开发与保护。评价工作能够揭示气象旅游资源的开发潜力和保护需求,指导资源的合理开发与保护。通过评价,可以识别出那些具有特殊科学价值、文化价值或生态价值的气象旅游资源,从而采取相应的保护措施,防止过度开发和环境破坏。同时,评价结果也有助于确定哪些资源适合进行商业开发,以实现经济效益和社会效益的双赢。

提升旅游目的地的市场竞争力。气象旅游资源评价对于提升旅游目的地的市场竞争力同样至关重要。通过评价,可以发现并强化气象旅游资源的独特卖点,打造特色旅游品牌。这不仅有助于吸引更多的游客、提高旅游目的地的知名度和影响力,还能通过差异化竞争策略,为旅游目的地带来更广泛的市场机会。

推动旅游业的可持续发展。气象旅游资源评价对于推动旅游业的可持续发展具有不可忽视的作用。评价过程中的科学性和系统性原则,确保了旅游开发活动与环境保护、社会发展的和谐统一。通过评价,可以促进旅游业在满足当前需求的同时,不损害未来代际的利益,实现旅游业的长期稳定发展。

三、气象旅游资源评价方法

定性评价。对气象旅游资源的美学价值、独特性、知名度等多方面因素进行综合考量,采用专家打分、小组讨论以及公众投票等多种方式,确保评价结果的全面性和准确性。专家们依据其深厚的专业知识和丰富的实践经验,对各个气象旅游资源进行细致的评分。同时,通过小组讨论,鼓励不同背景和视角的专家们交流意见,以达到对资源价值更深入的理解和更客观的评价。此外,还有公众投票环节,让公众也参与到评价过程中来,这样不仅能够收集到更多元化的意见,还能提高公众对气象旅游资源的认识和兴趣。通过这些方法的综合运用,旨在为气象旅游资源的开发和保护提供科学、合理的评价依据。

定量评价。应用数学模型以及统计分析的技术,可以对气象旅游资源的经济价值进行精确的量化评估。这包括对旅游景点的客流量进行预测和分析,以及对旅游收入进行详细的统计和计算。这样的分析有助于更好地理解气象旅游资源对当地经济的贡献,为旅游规划和管理提供科学依据,同时,也有助于旅游企业和政府部门制定更加有效的市场策略和政策。

综合评价。将定性评价方法与定量评价方法相结合,可以对气象旅游资源进行全面的评分,进而确定其综合价值等级。定性评价方法侧重于专家经验和主观判断,而定量评价方法则依赖于可量化的数据和统计分析。将这两种方法结合起来,可以更全面地反映气象旅游资源的价值。在此基础上,运用模糊数学的原理来处理评价过程中不可避免的不确定性和模糊性问题,通过模糊集合和模糊逻辑来模拟人类的思维过程,从而使得最终的评价结果更加客观和科学。这种方法不仅提高了评价的准确性,而且增强了评价结果的可信度,为气象旅游资源的开发和管理提供了有力的决策支持。

四、气象旅游资源评价技术

气象旅游资源评价的技术包括数据收集、处理和分析等方面。现代信息技术的应用,如遥感、地理信息系统、大数据分析等,为气象旅游资源评价提供了强有力的技术支持。通过这些技术,可以更准确地获取气象数据、旅游统计数据和游客行为数据,为评价工作提供坚实的数据基础。

遥感。遥感技术在气象旅游资源评价中扮演着至关重要的角色。通过卫星遥感,可以实时监测和分析气象条件,如云量、温度、湿度、风速等,这些数据对于评估旅游目的地的气候适宜度至关重要。此外,遥感技术还可以用于监测地表覆盖变化,如植被生长状况、湖泊和河流的水位变化等,从而为旅游资源的可持续利用提供科学依据。

地理信息系统。地理信息系统为气象旅游资源的管理和分析提供了强大的空间分析功能。GIS 能够整合各种空间数据和属性数据,通过地图可视化的方式,帮助研究者直观地分析气象旅游资源的分布、类型和特征。例如,通过 GIS 可以绘制出不同季节的旅游热点分布图,分析游客流量与气象条件之间的关系,从而为旅游规划和管理提供决策支持。

大数据分析。大数据分析技术的应用则进一步提升了气象旅游资源评价的深度和广度。通过收集和分析大量的气象数据、旅游统计数据和游客行为数据,可以揭示各种复杂的关系和模式。例如,利用大数据分析技术,可以预测特定气象条件下游客的出行偏好,评估极端天气事件对旅游业的影响,甚至可以为个性化旅游产品和服务的开发提供数据支持。

人工智能和机器学习。人工智能和机器学习技术也在气象旅游资源评价中展现出巨大潜力。通过训练算法模型,可以实现对气象旅游资源的智能评估和预测。例如,机器学习模型可以根据历史气象数据和旅游数据,预测未来某个时间段内的旅游需求和气象风险,从而为旅游企业和政府部门提供科学的决策依据。

第三节 气象旅游资源调查与评价案例分析

一、气象旅游资源调查案例分析

通过对国内外气象旅游资源开发的成功案例进行分析,可以总结出一些有效的开发策略和经验。

(一)气象旅游资源调查案例:黄山云海

黄山以其壮丽的云海景观闻名于世。通过建设观景台、索道等设施,不仅保护了黄山的自然环境,还为游客提供了观赏云海的最佳位置。黄山的开发模式强调了保护与开发的平衡,实现了经济效益与生态效益的双赢。

黄山云海的调查案例不仅展示了如何在保护自然景观的同时进行旅游开发,还体现了对气象旅游资源进行科学评估的重要性。黄山云海的形成与当地的气候条件密切相关,因此,气象数据的收集和分析对于理解云海的形成机制、预测云海出现的频率和持续时间至关重要。

黄山景区利用气象数据预测云海最佳观赏时间,吸引游客;通过问卷和访谈,研究游客对云海的体验,以提升服务质量;强调科普教育,通过展板和导游讲解普及云海知识,增加旅游教育价值;运用遥感和 GIS 技术实时监测云海,为旅游规划提供科学依据。黄山案例体现可持续旅游理念,注重生态保护,确保资源长期可持续利用。

(二)气象旅游资源调查案例:芬兰拉普兰极光之旅

芬兰拉普兰地区以其独特的极光现象吸引了大量游客。当地旅游部门通过提供极光观测活动、极光摄影课程等特色服务,丰富了旅游产品,提升了游客体验。同时,注重环保和可持续发展,确保了极光旅游资源的长期利用。

芬兰拉普兰地区通过与科研机构合作,使用气象技术预测极光,提供观测指导,增强旅游体验;实施环保政策,限制旅游活动,保护极光景观的原生态和可持续性;开发极光主题文化创意产品,丰富游客体验;利用社交媒体和网络平台分享故事和照片,提升国际知名度和吸引力。极光之旅注重社区参与,当地居民通过服务参与旅游,促进社区经济和旅游共同发展。

二、气象旅游资源评价案例分析

通过对国内外气象旅游资源评价的案例进行分析,可以总结出一些有效的评价策略和经验。

(一)气象旅游资源评价案例:日本富士山

日本富士山凭借其独特的火山气象景观和四季变化,成为日本著名的旅游胜地。通过对富士山的气象旅游资源进行综合评价,确定了其在国际旅游市场中的地位和吸引力,为制定保护和开发策略提供了依据。

首先,富士山的气象旅游资源评价考虑了其独特的火山地貌和云海景观,这些自然现象为游客提供了独一无二的视觉体验。其次,评价过程中分析了富士山的气候条件,包括其四季分明的气候特征,以及这些气候特征对旅游活动的影响。再次,评价关注了富士山周边的生态环境和生物多样性,确保旅游活动不会对当地生态系统造成破坏。最后,评价还涉及了富士山旅游的可持续发展问题。通过科学的规划和管理,确保旅游活动的开展不会对富士山的自然美景和文化价值造成损害,同时促进当地经济的发展和社区居民的福祉。

在评价富士山的气象旅游资源时,还特别强调了其文化价值和历史意义。富士山不仅是日本的象征,也是许多艺术作品和文学创作的灵感来源。因此,在评价中也考虑了如何通过旅游活动来传承和弘扬这一文化遗产。

综上所述,日本富士山的气象旅游资源评价不仅为富士山的保护和开发提供了科学依据,也为其他气象旅游资源的评价和管理提供了宝贵的经验。

(二)气象旅游资源评价案例:澳大利亚大堡礁

大堡礁作为世界上最大的珊瑚礁系统,其气象旅游资源评价不仅关注了独特的海洋气象景观,还考虑了气候变化对珊瑚礁生态系统的影响。通过评价,提出了相应的保护措施和可持续旅游方案,确保了大堡礁资源的长期利用。

大堡礁的气象旅游资源评价突出了其作为世界自然遗产的独特地位,以及其在全球气候变化研究中的重要性。评价过程中,专家们不仅关注了大堡礁的海洋气象特征,如海浪、潮汐和风速等,还深入研究了这些气象条件对珊瑚礁生态系统的影响。这些研究有助于理解珊瑚礁对环境变化的敏感性,以及如何通过旅游活动来监测和保护这一脆弱的生态系统。

在评价大堡礁的气象旅游资源时,还特别考虑了旅游活动对海洋环境的潜在影响。为了减少对海洋生态的干扰,评价建议实施严格的环境保护措施,如限制游客数量、规定游览区域和时间,以及推广环保意识教育。此外,评价还强调了利用现代科技手段,如卫星遥感和水下机器人,来监测珊瑚礁的健康状况,确保旅游活动与环境保护相协调。

大堡礁的气象旅游资源评价还涉及了如何通过旅游活动来提高公众对气候变化问题的认识。通过展示大堡礁在气候变化中的脆弱性,旅游活动可以成为教育公众、提高环保意识的重要平台。评价建议开发以教育和科普为主题的旅游产品,如生态旅游和海洋科学考察,以增强游客对气候变化和海洋保护的理解。

综上所述,澳大利亚大堡礁的气象旅游资源评价不仅为保护和合理利用这一世

第七章 气象旅游资源调查与评价

界自然遗产提供了科学依据,也为全球其他海洋气象旅游资源的评价和管理提供了重要的参考。通过科学的评价和规划,大堡礁可以成为可持续旅游的典范,同时为全球气候变化研究和海洋保护工作做出贡献。

通过对这些案例的分析可以发现,气象旅游资源评价不仅需要科学的方法,还需要结合实际情况,综合考虑资源保护、市场需求和可持续发展等因素,制定出科学合理的评价体系。

第八章　气象旅游资源开发

第一节　气象旅游资源开发理念

气象旅游资源开发理念的提出,旨在更好地利用自然界的气象现象,为旅游业注入新的活力。通过科学规划和合理开发,气象旅游资源可以成为吸引游客的独特卖点,提升旅游体验的丰富性和多样性。

一、气象旅游资源开发的重要性

促进地方经济发展。气象旅游资源的开发能够吸引更多的游客,带动当地餐饮、住宿、交通等相关产业的发展,从而促进地方经济的繁荣。

增强旅游目的地的市场竞争力。独特的气象旅游资源能够为旅游目的地提供与众不同的旅游产品,增强其在激烈的市场竞争中的吸引力和竞争力。

推动旅游业的可持续发展。合理开发气象旅游资源,不仅能够满足当前的旅游需求,还能保护和维护旅游资源,确保旅游业的长期稳定发展。

提升公众的科学素养。气象旅游资源的开发往往伴随着科普教育活动,通过旅游活动让公众了解气象知识,提高公众对气候变化和环境保护的认识。

丰富旅游产品和服务。气象旅游资源的多样性为旅游产品和服务的创新提供了广阔的空间,可以开发出更多符合市场需求的旅游产品,满足不同游客的个性化需求。

二、气象旅游资源开发的理念

气象旅游资源的开发应注重可持续性。这意味着在开发过程中,要充分考虑环境保护和生态平衡,避免对自然环境造成不可逆转的损害。例如,在开发雷电观赏区时,应选择那些对生态系统影响较小的区域,并采取措施减少游客活动对野生动植物的干扰。

气象旅游资源的开发应注重科普教育功能。许多气象现象背后蕴含着丰富的科学知识,通过开发气象旅游资源,可以将这些知识以生动有趣的方式传递给游客。例如,在云海观赏区设立科普展览馆,介绍云的形成、种类及其与气候变化的关系,让游客在欣赏美景的同时,增长知识、提升科学素养。

气象旅游资源的开发应注重与地方文化的结合。许多气象现象在当地文化中具有特殊的意义,将气象旅游资源与地方文化相结合,可以增强旅游产品的独特性和吸引力。例如,在风情节期间,可以组织游客参与风车制作和放飞活动,体验与风相关的传统习俗,感受地方文化的魅力。

气象旅游资源的开发应注重科技手段的应用。现代科技的发展为气象旅游资源的开发提供了更多可能性。例如,利用虚拟现实技术,游客可以在室内体验到真实的气象奇观,如龙卷、极光等,弥补了因天气条件限制无法亲临现场的遗憾。

总之,气象旅游资源开发理念的实施,需要多方面的努力和创新。通过科学规划、可持续开发、科普教育、文化结合和科技应用,气象旅游资源将成为旅游业中的一颗璀璨明珠,为游客带来全新的体验。

第二节　气象旅游资源开发历史

一、国内气象旅游资源开发历史

随着旅游业的蓬勃发展,气象旅游资源逐渐成为旅游市场的新宠。气象旅游资源是指那些能够吸引游客前来观赏、体验和研究的气象现象和气候条件。中国地大物博,气候类型多样,从北国的冰雪风光到南国的热带风情,从东部的海洋气候到西部的高原气候,气象旅游资源丰富多样。

早在古代,人们就对气象现象充满了好奇和敬畏。古代帝王常常在特定的气象条件下举行祭祀活动,如求雨、祈晴等,这些活动在一定程度上促进了气象旅游资源的开发。然而,真正意义上的气象旅游资源开发始于20世纪80年代。随着经济的发展和人民生活水平的提高,越来越多的人开始追求精神文化生活,旅游业迎来了前所未有的发展机遇。

在气象旅游资源开发的初期,人们主要关注的是那些具有独特性和观赏性的气象现象。例如,黄山的云海、峨眉山的佛光、吉林的雾凇等,这些自然奇观吸引了大量游客前来观赏。为了更好地开发和利用这些资源,各地政府和旅游部门开始投入资金进行基础设施建设,如修建观景台、步道、索道等,以方便游客观赏和体验。

进入21世纪,气象旅游资源开发逐渐向多元化和深度化方向发展。除了传统的自然景观外,气象旅游产品也逐渐丰富起来。例如,气象科普旅游、气象体验旅游、气象节庆旅游等新型旅游形式不断涌现。气象科普旅游通过参观气象站、气象博物馆等方式,让游客了解气象知识,提高科学素养;气象体验旅游通过模拟气象现象,如人工造雪、人工降雨等,让游客亲身体验气象变化的乐趣;气象节庆旅游则结合当地的气象特色,举办各种节庆活动,如青岛的啤酒节、哈尔滨的冰雪节等,吸引了大量游客参与。

为了进一步提升气象旅游资源的开发水平,中国政府和相关部门也加大了对气象旅游资源开发的支持力度。例如,原国家旅游局和中国气象局联合发布了《气象旅游资源开发指导意见》,明确了气象旅游资源开发的方向和目标。此外,各地还积极引进先进技术和设备,提升气象旅游资源的科技含量和观赏性。

(一)东北地区气象旅游资源开发历史

东北地区因其独特的地理位置和气候条件,拥有丰富的气象旅游资源。从冰雪奇缘到四季分明的美景,东北的气象旅游资源开发经历了从无到有、从简单到复杂的过程。

早在20世纪80年代,东北地区就开始了气象旅游资源的初步开发。最初,人们主要利用冬季的冰雪资源,开发了滑雪、滑冰等冬季运动项目。哈尔滨冰雪大世界和长春净月潭滑雪场等项目,成为东北冬季旅游的标志性景点。这些项目不仅吸引了大量国内外游客,还带动了当地经济的发展。

进入21世纪,东北地区气象旅游资源开发逐渐多元化。夏季避暑旅游成为新的亮点。长白山、大兴安岭等地区凭借凉爽的气候和优美的自然风光,成为夏季旅游的热门目的地。此外,东北地区的秋季红叶观赏也逐渐受到游客的青睐。五大连池、镜泊湖等景区的秋季红叶景观,吸引了众多摄影爱好者和游客前来观赏。

近年来,东北地区气象旅游资源开发更加注重科技与文化的结合。气象科技在旅游中的应用越来越广泛,如通过气象预报为游客提供更准确的出行建议,利用气象数据开发虚拟现实旅游体验等。此外,东北地区还注重挖掘和弘扬本地的气象文化,如满族的风情节、赫哲族的冰雪节等,将传统民俗与现代旅游相结合,提升了旅游的文化内涵。

(二)华北地区气象旅游资源开发历史

华北地区拥有丰富的气象旅游资源,这些资源不仅为旅游业的发展提供了独特的条件,还为科学研究和教育提供了宝贵的素材。随着旅游业的蓬勃发展,气象旅游资源的开发逐渐成为该地区经济发展的新亮点。

华北地区气象旅游资源的多样性体现在其独特的气候特征和气象现象上。例如,冬季的雪景、春季的沙尘暴、夏季的雷暴和秋季的红叶,都是该地区特有的气象景观。这些景观不仅吸引了众多摄影爱好者和自然探险者,还为旅游开发提供了丰富的素材。

华北地区气象旅游资源的开发始于20世纪80年代。最初,开发主要集中在传统的观光旅游上,如北京的长城、故宫等著名景点。随着人们对自然景观和户外活动需求的增加,气象旅游资源逐渐受到重视。

近年来,华北地区气象旅游资源的开发不断推陈出新,形成了多种多样的旅游产品。例如,张家口地区的滑雪旅游、承德避暑山庄的夏季避暑游,以及山西壶口瀑布的观瀑游等,都充分利用了当地的气象资源。此外,一些气象主题的节庆活动也应运而生,如北京的国际气象节、张家口的冰雪节等,吸引了大量游客。

随着气象旅游资源开发的深入,其保护和可持续发展成为不可忽视的问题。华北地区政府和旅游部门积极采取措施,确保气象旅游资源的合理利用和保护。例如,通过建立气象监测站和预警系统,及时发布气象信息,保障游客安全;同时,加强对自然景观的保护,避免过度开发带来的环境破坏。

展望未来,华北地区气象旅游资源的开发将继续朝着多元化、智能化和绿色化的方向发展。借助现代科技手段,如虚拟现实和增强现实技术,游客将能更身临其境地体验气象景观的魅力。同时,气象旅游将更加注重与文化、生态、教育等其他领域的融合,为游客提供更加丰富和有意义的旅游体验。

(三)华东和华中地区气象旅游资源开发历史

华中地区,以其独特的地理位置和丰富的气象资源,成为气象旅游资源开发的重要区域。从古至今,人们不断探索和利用这些自然奇观,为旅游业注入了新的活力。

早在古代,华中地区的气象奇观就吸引了无数文人墨客的目光。例如,庐山的云海、武当山的雾凇等,都曾被诗人吟咏,成为千古绝唱。这些自然景观不仅为人们提供了可供观赏的美景,还成为文人创作灵感的源泉。

进入现代,随着科技的发展和旅游业的兴起,华中地区的气象旅游资源得到了更为系统的开发。气象部门与旅游部门合作,通过科学观测和研究,逐步揭示了这些气象奇观的成因和规律。例如,张家界国家森林公园的"天子山云海"、神农架的"雾海"等,都成为游客慕名而来的热门景点。

为了更好地开发和利用这些气象旅游资源,华中地区还建立了多个气象观测站和研究基地。这些机构不仅为游客提供实时的气象信息,还为气象旅游产品的开发提供了科学依据。例如,气象部门会根据天气预报,提前发布最佳观赏时间,帮助游客合理安排行程。

此外,华中地区还通过举办各种气象旅游节庆活动,进一步提升了气象旅游资源的知名度。如"张家界国际雾文化节""神农架雾海摄影大赛"等,吸引了大量国内外游客和摄影爱好者前来参与。这些活动不仅丰富了旅游内容,还促进了当地经济的发展。

未来,华中地区气象旅游资源的开发前景广阔。随着科技的不断进步和人们对自然景观需求的增加,气象旅游资源将得到更加深入的挖掘和利用。例如,通过虚拟现实技术,游客可以在家中就体验到华中地区气象奇观的魅力;通过生态旅游项目,游客可以更加亲近自然,了解气象现象背后的科学原理。

(四)华南地区气象旅游资源开发历史

随着旅游业的蓬勃发展,气象旅游资源逐渐成为旅游市场的新宠。华南地区因其独特的地理位置和气候条件,拥有丰富的气象旅游资源。从热带风暴到梅雨季节,从壮丽的云海到绚丽的彩虹,这些气象现象不仅为华南地区增添了无穷的魅力,也为旅游业带来了新的发展机遇。

在过去的几十年里,华南地区的气象旅游资源开发经历了从无到有、从简单到复杂的过程。早期,人们主要关注的是传统的自然景观和人文景观,气象旅游资源并未得到充分的重视。然而,随着科技的进步和人们对自然现象认识的深入,气象旅游资源的独特价值逐渐显现出来。

为了更好地开发和利用这些资源,华南地区的旅游部门开始与气象部门合作,共同研究气象现象对旅游业的影响。通过科学分析和预测,旅游部门能够提前制定出应对各种气象条件的旅游计划,从而提高旅游活动的安全性和舒适度。

近年来,华南地区气象旅游资源的开发呈现出多样化和个性化的趋势。例如,一些旅游公司推出了以观赏热带风暴和台风登陆为特色的旅游项目,吸引了大量寻求刺激和新奇体验的游客。此外,梅雨季节也被开发成独特的旅游体验,游客可以在雨中漫步,感受别样的江南风情。

为了进一步提升气象旅游资源的吸引力,华南地区的旅游部门还注重与文化、艺术等其他领域的结合。例如,在彩虹多发的季节举办彩虹节,通过摄影比赛、音乐演出等活动,将气象现象与文化艺术相结合,丰富了旅游产品的内涵。

未来,随着科技的进 步发展和人们对气象旅游资源认识的不断深入,华南地区的气象旅游开发将更加科学化、精细化。通过大数据和人工智能技术的应用,旅游部门将能够更加精准地预测气象变化,为游客提供更加个性化和高质量的旅游体验。同时,环保和可持续发展的理念也将贯穿气象旅游资源开发的全过程,确保在满足人们旅游需求的同时,保护好这片美丽的自然景观。

(五)西北地区气象旅游资源开发历史

西北地区因其独特的地理位置和气候条件,拥有丰富的气象旅游资源。从古至今,人们逐渐认识到这些自然奇观的旅游价值,并开始进行开发和利用。

早在唐代,诗人王维在《使至塞上》中就描绘了西北地区的壮丽景色:"大漠孤烟直,长河落日圆。"这些诗句不仅表达了诗人对西北风光的赞美,也反映了当时人们对自然景观的欣赏和向往。到了宋代,西北地区的沙漠、戈壁和雪山逐渐成为文人墨客笔下的常客,他们通过诗词歌赋记录下这些气象景观的独特魅力。

明清时期,随着丝绸之路的再次繁荣,西北地区的气象旅游资源开始吸引更多的游客。商旅们在穿越沙漠和戈壁时,常常被那里的日出、日落和星空所震撼。这些自然景观成为他们漫长旅途中的精神慰藉。

进入现代,随着科技的进步和旅游业的发展,西北地区的气象旅游资源得到了更为系统的开发。敦煌莫高窟的壁画中记录了古代人对气象景观的观察和描绘,这些壁画成为研究古代气象旅游资源开发的重要资料。敦煌月牙泉、嘉峪关长城等景点,因其独特的气象景观而成为国内外游客的热门旅游目的地。

近年来,西北地区气象旅游资源的开发更加注重科学性和可持续性。例如,新疆的喀纳斯湖因其神秘的"湖怪"传说和变幻莫测的天气而闻名遐迩。当地政府和旅游部门通过科学规划和管理,既保护了这一珍贵的自然资源,又为游客提供了安全、舒适的旅游体验。

此外,西北地区还开发了许多气象主题的旅游项目,如沙漠露营、观星活动和冬季滑雪等。这些项目不仅丰富了旅游产品,还为当地经济带来了新的增长点。通过气象旅游资源的开发,西北地区正逐步成为国内外游客向往的旅游胜地。

总之,西北地区的气象旅游资源开发历史悠久,从古代文人的赞美到现代旅游业的科学规划,气象景观一直是吸引游客的重要因素。未来,随着科技的进一步发展和人们对自然美的不断追求,西北地区的气象旅游资源必将迎来更加广阔的发展前景。

(六)西南地区气象旅游资源开发历史

西南地区以其独特的地理环境和丰富的气象资源,成为气象旅游资源开发的宝地。从古至今,人们逐渐认识到这一地区的独特魅力,并开始探索其旅游潜力。

早在唐代,诗人杜甫在《登高》一诗中就写道:"无边落木萧萧下,不尽长江滚滚来。"该诗句描绘了四川盆地秋季的壮丽景象。这种对自然景观的赞美,为后来的气象旅游资源开发奠定了文化基础。

到了近现代,随着交通和科技的发展,西南地区的气象旅游资源逐渐进入人们的视野。20世纪初,随着铁路的修建,越来越多的游客开始涌入四川、云南等地,体验其独特的气候和自然景观。例如,昆明因其四季如春的气候被誉为"春城",吸引了大量游客前来避寒。

20世纪中叶以后,随着旅游业的蓬勃发展,西南地区的气象旅游资源开发进入了一个新的阶段。地方政府和企业开始有意识地开发和推广气象旅游资源。例如,四川九寨沟以其独特的高山湖泊和瀑布群,结合多变的气候条件,成为国内外知名的旅游胜地。每年秋季,九寨沟的彩林景观都会吸引无数摄影爱好者和游客。

进入21世纪,随着人们对生态旅游和可持续发展的重视,西南地区的气象旅游资源开发更加注重环境保护和文化传承。例如,云南香格里拉的梅里雪山,不仅是登山爱好者的胜地,更是藏族人民心中的神山。当地政府和社区通过合理规划和管理,既保护了这一珍贵的自然和文化资源,又为游客提供了独特的体验。

未来,西南地区的气象旅游资源开发将继续朝着多元化和可持续化的方向发展。通过结合现代科技手段,如虚拟现实和增强现实技术,游客将能更加身临其境地体验西南地区的气象奇观。同时,地方政府和企业也将继续加强合作,推动气象旅游资源的保护和合理利用,让更多人感受到西南地区独特的自然魅力和文化韵味。

二、国外气象旅游资源开发历史

国外气象旅游资源的开发历史可以追溯到 19 世纪末,当时欧洲的一些高山地区开始吸引游客前来观赏壮丽的山景和独特的气候现象。随着科技的进步和人们对自然现象的好奇心增强,气象旅游逐渐成为一种新兴的旅游形式。

20 世纪初,气象旅游开始向专业化方向发展。一些气象学家和探险家开始组织高山气象观测和探险活动,吸引了大量对气象现象感兴趣的游客。例如,瑞士的阿尔卑斯山因其独特的冰川景观和多变的天气条件,成为早期气象旅游的热门目的地。

第二次世界大战后,随着全球经济的复苏和旅游业的蓬勃发展,气象旅游逐渐普及。各国政府和旅游企业开始重视气象旅游资源的开发,纷纷推出各种气象主题的旅游产品。例如,美国的黄石国家公园因其丰富的地热资源和独特的间歇泉现象,成为气象旅游的代表之一。

进入 21 世纪,随着人们环境保护意识的增强和科技手段的不断进步,气象旅游呈现出多样化和可持续发展的趋势。许多国家开始注重气象旅游资源的保护和合理利用,推出了以生态旅游和科普教育为主题的气象旅游项目。例如,澳大利亚的大堡礁通过开展海洋气象观测和生态保护活动,吸引了大量游客前来体验独特的海洋气象景观。

此外,随着互联网和社交媒体的普及,气象旅游的信息传播变得更加便捷和广泛。游客可以通过各种在线平台了解气象旅游资源和预订相关旅游产品,气象旅游的市场潜力进一步得到挖掘。未来,随着科技的不断进步和人们对自然现象的深入探索,气象旅游有望成为全球旅游业中最具活力和创新性的领域之一。

(一)美国气象旅游资源开发历史

随着科技的进步和旅游业的蓬勃发展,美国气象旅游资源的开发逐渐成了一个备受关注的领域。早在 20 世纪初,气象学与旅游业的结合就已经初见端倪。当时,美国一些沿海城市开始利用气象信息来吸引游客,尤其是在冬季,温暖的气候成了吸引东北部居民的重要因素。

进入 20 世纪中叶,随着天气预报技术的提高,气象旅游资源的开发变得更加系统化和多样化。例如,美国国家气象局开始发布详细的天气预报,帮助游客更好地规划旅行。此外,一些主题公园和度假村也开始利用气象资源,如滑雪场和海滩度假村,提供与天气相关的娱乐活动吸引游客。

到了 20 世纪末,随着互联网的普及,气象旅游资源的开发进入了一个新的阶段。人们可以通过网络实时获取天气信息,这使得气象旅游产品更加个性化和便捷。例如,一些在线旅游平台开始推出根据天气情况定制的旅游套餐,如"阳光假期""雨季探险"等,满足不同游客的需求。

进入 21 世纪,气象旅游资源的开发进一步拓展到了生态旅游和可持续旅游领域。越来越多的游客开始关注气候变化对自然环境的影响,因此,一些旅游公司开始推出以气象现象为主题的生态旅游项目,如观星之旅、极光观赏等。这些项目不仅让游客体验到独特的气象景观,还增强了他们的环境保护意识。

此外,气象旅游资源的开发还与科技紧密结合,如虚拟现实技术的应用。通过 VR 技术,游客可以在家中体验到各种气象景观,如龙卷、飓风等,这种新颖的体验方式吸引了大量年轻游客。

(二)加拿大气象旅游资源开发历史

随着旅游业的蓬勃发展,加拿大凭借其独特的自然景观和丰富的气象资源,逐渐成为全球旅游者向往的胜地。气象旅游资源的开发不仅丰富了加拿大的旅游产品,还为当地带来了显著的经济收益。

早在 19 世纪末,加拿大就已开始利用其独特的气象资源吸引游客。例如,尼亚加拉大瀑布因其壮观的景象和巨大的水量,成为首批气象旅游的热点之一。游客们被瀑布的磅礴气势所吸引,纷纷前来体验大自然的鬼斧神工。

进入 20 世纪,随着交通和通信技术的进步,加拿大气象旅游资源的开发逐渐兴起。20 世纪 30 年代,落基山国家公园的建立,使得这片壮丽的山景成为气象旅游的新亮点。游客们不仅可以欣赏到四季变换的美景,还能体验到独特的高山气候。

20 世纪中后期,加拿大气象旅游资源的开发进入多样化发展阶段。例如,冬季滑雪旅游成为一项重要的气象旅游项目。阿尔伯塔省的班夫国家公园和不列颠哥伦比亚省的惠斯勒黑梳山等滑雪胜地,吸引了大量国内外游客。此外,北极光观赏旅游也在这一时期逐渐兴起,成为加拿大北部地区的一大特色。

进入 21 世纪,加拿大气象旅游资源的开发更加注重创新和可持续发展。例如,多伦多的 CN 塔(加拿大国家电视塔)每年都会举办"天空之舞"灯光秀,利用气象变化和光影效果为游客带来独特的视觉体验。此外,一些旅游公司还推出了气象主题的生态旅游项目,让游客在欣赏自然美景的同时,了解气象知识和生态保护的重要性。

随着科技的进步和环保意识的增强,加拿大气象旅游资源的开发前景广阔。未来,加拿大将继续挖掘和创新气象旅游资源,推出更多符合市场需求的旅游产品。同时,注重保护自然环境和生态平衡,实现旅游业的可持续发展。

(三)英国气象旅游资源开发历史

英国气象旅游资源开发历史可以追溯到 19 世纪末,当时英国的工业革命已经进入高潮,人们开始有更多的时间和金钱去享受休闲生活。气象旅游作为一种新兴的旅游形式,逐渐受到人们的关注。

19 世纪末至 20 世纪初,英国气象旅游资源的开发主要集中在海滨度假胜地。随着铁路的普及,越来越多的英国人开始前往海边度假,享受海风和阳光。气象学家们也开始研究海滨地区的气候特点,为游客提供更为准确的天气预报服务。例如,英国南部的海滨城市布莱顿,凭借其宜人的气候和美丽的海滩,成了当时最受欢迎的度假胜地之一。

20世纪中期,随着航空业的发展,英国气象旅游资源的开发逐渐扩展到山区和乡村。英国拥有丰富的山地和乡村资源,这些地区独特的气候和自然景观吸引了大量游客。气象学家们开始研究这些地区的气候特征,为游客提供更为详细的天气预报和旅游建议。例如,苏格兰高地以其壮丽的山景和独特的气候吸引了众多徒步和登山爱好者。

进入21世纪,随着科技的进步和环保意识的增强,英国气象旅游资源的开发更加注重可持续发展和生态保护。气象学家们利用先进的气象观测和预报技术,为游客提供更为精准的天气信息,同时加强对气象旅游资源的保护。例如,英国气象局推出了专门针对户外活动的天气预报服务,帮助游客更好地规划行程,避免恶劣天气带来的风险。

此外,英国还积极开发气象主题的旅游项目,如气象博物馆、气象体验馆等,让游客在享受自然美景的同时,了解气象知识、提高环保意识。这些项目不仅丰富了英国的旅游产品,也为气象旅游资源的开发开辟了新的方向。

(四)法国气象旅游资源开发历史

法国的气象旅游资源开发历史可以追溯到19世纪末,当时随着工业革命的推进和科学技术的进步,人们对气象现象的认识逐渐深入。气象学作为一门科学开始受到重视,气象站和观测设备的建立为气象旅游资源的开发奠定了基础。

早在19世纪末,法国的一些高山地区就建立了气象站,这些气象站不仅用于科学研究,还吸引了众多登山爱好者和游客。例如,阿尔卑斯山脉的气象站不仅提供了气象数据,还成为登山者和游客了解高山气候的窗口。气象站的工作人员常常兼任导游,向游客介绍高山气象知识和自然景观。

进入20世纪,法国开始举办各种与气象相关的节庆活动。例如,每年的气象日活动吸引了大量家庭和学生参与,通过互动展览和讲座,普及气象知识,同时展示了气象旅游资源的独特魅力。此外,一些地区还利用气象现象举办特色节庆,如"雷暴节""彩虹庆典"等,吸引了众多游客。

为了更好地开发气象旅游资源,法国在一些地区建立了气象主题公园。这些公园通过高科技手段模拟各种气象现象,如龙卷、闪电、暴雨等,让游客在安全的环境中体验气象奇观。此外,公园内还设有气象科普馆,通过互动展览和多媒体演示,向游客介绍气象学的基本知识和应用。

法国气象旅游资源的开发还体现在旅游线路的设计上。许多旅行社推出了以气象为主题的旅游线路,如"法国气象奇观之旅""阿尔卑斯气象探险之旅"等。这些线路不仅涵盖了法国各地的著名气象站和观测点,还结合了当地的自然景观和文化特色,为游客提供了丰富多彩的旅游体验。

近年来,法国越来越重视气象教育与旅游的结合。许多气象站和科研机构开设了气象教育课程,面向中小学生和公众开放。通过实地参观和互动体验,游客不仅能够了解气象知识,还能增强环境保护意识。此外,一些大学和研究机构还推出了气象旅游专业课程,培养专门的气象旅游人才。

随着科技的不断进步和人们对气象旅游资源认识的深入,法国气象旅游资源的开发前景广阔。未来,法国将继续利用先进的气象观测技术和丰富的自然资源,开发更多创新的气象旅游产品,为游客提供更加丰富和独特的旅游体验。同时,法国也将继续加强气象教育与旅游的结合,提升公众对气象科学的认识和环境保护意识,推动可持续旅游的发展。

(五)德国气象旅游资源开发历史

随着旅游业的蓬勃发展,德国在气象旅游资源开发方面也取得了显著的成就。早在19世纪末,德国气象学家和探险家就开始利用气象现象吸引游客,推动了气象旅游的初步发展。进入20世纪,随着科技的进步和人们对气象现象认识的深入,德国气象旅游资源的开发逐渐走向专业化和多样化。

20世纪初,德国各地建立了许多气象观测站,这些观测站不仅用于科学研究,还逐渐成为科普旅游的热点。游客们可以参观气象站,了解气象仪器的使用和气象数据的收集过程。一些气象站还专门设立了展览室,展示气象现象的成因和影响,吸引了大量对气象学感兴趣的游客。

第二次世界大战后,德国经济迅速恢复,旅游业也迎来了新的发展机遇。气象旅游资源的开发逐渐从单纯的科普转向更具娱乐性和互动性的形式。1950年,德国首次举办了气象节,通过各种气象主题的展览、讲座和互动活动,吸引了众多家庭游客。此外,一些主题公园也开始引入气象元素,如模拟龙卷、闪电等自然现象的游乐设施,为游客提供了独特的体验。

进入21世纪,科技的飞速发展为气象旅游资源的开发带来了新的机遇。数字化技术的应用使得气象旅游资源更加丰富和多样化。许多气象博物馆和展览馆引入了虚拟现实技术,游客可以通过VR设备身临其境地体验各种气象现象,如暴风雨、极光等。此外,气象预报和模拟软件也广泛应用于旅游规划,帮助游客更好地安排旅行时间和活动。

近年来,随着环保意识的增强,德国在气象旅游资源开发中更加注重可持续发展和生态旅游。许多气象旅游项目开始强调与自然环境的和谐共处,推广低碳旅游和环保理念。例如,一些气象观测站和公园推出了生态旅游路线,引导游客了解气候变化对自然环境的影响,并参与生态保护活动。

(六)巴西气象旅游资源开发历史

随着全球旅游业的蓬勃发展,巴西凭借其独特的气候和气象景观,逐渐成为气象旅游的热门目的地。巴西的气象旅游资源丰富多样,从亚马孙雨林的热带雨季到巴伊亚州的阳光沙滩,从潘塔纳尔湿地的晨雾到南大河州的冬季霜冻,无不吸引着世界各地的游客。

亚马孙雨林是世界上最大的热带雨林,雨季从12月持续到次年5月。雨季期间,亚马孙河及其支流水位上涨,形成一片汪洋。此时,游客可以乘坐小船穿梭于茂密的雨林之间,观赏雨林中的动植物,体验独特的雨季气象景观。此外,雨季的亚马孙还常常出现壮观的雷暴,为游客带来震撼的视觉体验。

巴伊亚州位于巴西东北部,以其阳光明媚的沙滩和温暖的气候著称。这里的萨尔瓦多、伊塔加和圣保罗等城市,每年吸引着大量寻求阳光和海滩的游客。巴伊亚的气象旅游资源不仅限于海滩,还有其独特的热带气候。游客可以在蓝天白云下享受阳光浴,或在夜晚观赏满天繁星,体验宁静的海滩之夜。

潘塔纳尔湿地是世界上最大的湿地生态系统,位于巴西中西部。每年的冬季(6—8月),湿地的气温较低,晨雾弥漫,形成一幅如梦如幻的景象。游客可以乘坐独木舟在晨雾中穿行,观赏湿地中的野生动物,如美洲虎、水豚和各种鸟类。此外,潘塔纳尔湿地的雨季(10月至次年3月)则呈现出另一番景象,洪水覆盖了大片土地,形成一片汪洋,吸引着摄影爱好者和自然探险者前来捕捉这一壮观的气象景观。

南大河州位于巴西南部,冬季(6—8月)气温较低,时常出现霜冻现象。这里的乡村景观和葡萄园在霜冻的映衬下显得格外美丽。游客可以参观葡萄园,品尝当地特产的葡萄酒,或在清晨观赏霜冻覆盖的田野和葡萄藤,体验南大河州独特的冬季气象景观。

随着气象旅游资源的不断开发,巴西政府和旅游企业也在努力提升旅游基础设施和服务质量,以吸引更多游客。未来,巴西将继续利用其丰富的气象资源,打造更多独具特色的气象旅游项目,为全球游客提供更加丰富多彩的旅游体验。

(七)土耳其气象旅游资源开发历史

土耳其,这个横跨欧亚大陆的神奇国度,不仅以其丰富的历史文化遗产吸引着全球游客,还因其独特的气象旅游资源而备受瞩目。从壮丽的卡帕多西亚热气球之旅到爱琴海沿岸的浪漫日落,土耳其的气象景观为旅游业增添了无穷的魅力。

卡帕多西亚地区以其独特的地貌和热气球飞行而闻名于世。清晨,当第一缕阳光穿透薄雾,成百上千的热气球在湛蓝的天空中缓缓升起,仿佛进入了一个梦幻般的童话世界。游客们在热气球上俯瞰那千奇百怪的岩石和地下城市,感受着大自然的鬼斧神工。

爱琴海沿岸则是浪漫与诗意的代名词。无论是伊兹密尔的迷人海滩,还是库沙达斯的古老港口,都为游客提供了观赏日落的最佳地点。夕阳西下时,天空被染成一片金红,海面上波光粼粼,仿佛一幅动人的画卷。许多情侣选择在这里许下爱的誓言,让这片美丽的海域见证他们的爱情。

除了卡帕多西亚和爱琴海以外,土耳其还有许多其他气象旅游资源等待开发。例如,黑海沿岸的多雨气候,带来了郁郁葱葱的植被和清新的空气,成为生态旅游的绝佳去处。安纳托利亚高原的冬季,则以丰富的降雪量吸引了众多滑雪爱好者。这里不仅有现代化的滑雪场,还有传统的山村和温泉,为游客提供了独特的冬季体验。

为了更好地开发这些气象旅游资源,土耳其政府和私营部门正在不断努力。他们投资建设基础设施,提升服务质量,并通过各种渠道进行宣传推广。此外,土耳其还注重可持续发展,努力保护自然环境和生态平衡,确保旅游业的长远发展。

未来,随着科技的进步和市场需求的变化,土耳其的气象旅游资源开发将更加多样化和个性化。无论是追求浪漫体验的情侣,还是热爱探险的冒险家,都能在这里找到属于自己的"天堂"。土耳其正以其独特的魅力,迎接来自世界各地的游客,共同分享这片神奇土地上的美丽与奇迹。

(八)埃及气象旅游资源开发历史

随着全球旅游业的蓬勃发展,埃及作为拥有丰富历史文化遗产和独特自然景观的国家,逐渐意识到气象旅游资源的巨大潜力。气象旅游资源不仅包括传统的自然景观,还包括与气候相关的各种活动和体验。埃及政府和私营部门开始着手开发这些资源,以吸引更多的国内外游客。

首先,埃及的气候条件为开发气象旅游资源提供了得天独厚的优势。埃及地处北非,拥有典型的沙漠气候,全年阳光充足,日照时间长。这种气候条件使得埃及成为冬季避寒胜地,吸引了大量来自欧洲和其他寒冷地区的游客。为了充分利用这一优势,埃及在红海沿岸和地中海沿岸开发了许多度假胜地,提供各种水上运动和海滩活动,如冲浪、帆船和潜水等。

其次,埃及的气象景观也颇具特色。例如,每年的尼罗河洪水季节。尼罗河的泛滥带来了肥沃的土壤,为农业提供了丰富的水源。这一自然现象吸引了众多游客前来观赏。为了更好地展示这一景观,埃及政府在尼罗河沿岸修建了观景台和游客中心,提供详细的解说和导游服务,让游客深入了解这一自然奇观及其在古埃及文明中的重要性。

最后,埃及还利用其独特的气象现象开发了一些特殊的旅游项目。例如,每年冬季在卢克索和阿斯旺等地举行的热气球飞行活动,让游客在清晨的阳光中俯瞰壮丽的尼罗河谷和古埃及遗址。热气球飞行不仅为游客提供了独特的视角,还成为埃及旅游的一大亮点。

为了进一步提升气象旅游资源的吸引力,埃及还加强了天气预报和旅游服务的结合。通过提供准确的天气预报和气象信息,游客可以更好地规划行程,选择最佳的旅游时间。此外,埃及还开发了一些与气象相关的教育旅游项目,如气象科普讲座和气象观测体验活动,让游客在享受自然美景的同时,增长知识,提升体验感。

第三节　气象旅游资源开发模式

气象旅游资源开发模式是指利用气象资源,结合旅游产业,开发出具有特色的旅游产品和服务。这种模式不仅能够丰富旅游内容,还能提高旅游目的地的吸引力和竞争力。以下是一些具体的开发模式。

一、气象景观旅游开发模式

气象景观是指因气象条件而形成的独特景观,如云海、雾凇、极光等。通过科学规划和合理开发,可以将这些气象景观转化为旅游资源。例如,建立观云台、雾凇观赏区等,吸引游客前来观赏和体验。

在开发气象景观旅游资源的过程中,除了建设基础设施外,还需要注重生态保护和可持续发展。例如,在云海观赏区,可以设置生态步道,引导游客在不破坏自然环境的前提下,近距离感受云海的壮丽。同时,通过科学监测和管理,确保游客数量不会对当地生态系统造成负面影响。

此外,气象景观的开发还可以结合当地的文化和历史,打造独特的旅游品牌。例如,在极光观赏区,可以举办极光文化节,展示当地民族的传说和故事,让游客在欣赏自然奇观的同时,深入了解当地的文化底蕴。

为了提升游客的体验,还可以利用现代科技手段,如虚拟现实技术,让无法亲临现场的游客也能感受到气象景观的魅力。通过线上平台,游客可以预订虚拟现实体验,足不出户就能感受到云海、雾凇和极光等景观的震撼。

在营销推广方面,可以通过社交媒体、旅游网站和合作伙伴等渠道,广泛宣传气象景观旅游资源。通过发布高质量的图片和视频,吸引更多的潜在游客。同时,与旅行社合作,推出特色旅游线路,让游客在享受美景的同时,也能体验到其他旅游项目,如徒步、摄影、露营等。

总之,通过科学规划、合理开发和创新营销,气象景观可以成为宝贵的旅游资源,为当地带来经济收益,同时也让更多人有机会欣赏到大自然的神奇与美丽。

二、气象体验旅游开发模式

通过模拟或再现特定的气象现象,让游客亲身体验。例如,建设气象体验馆,利用高科技手段模拟龙卷、雷暴等气象现象,让游客在安全的环境中感受大自然的力量。

除了气象体验馆外,还可以通过其他方式让游客更深入地了解气象科学。例如,建立一个互动式的气象科普中心,通过多媒体展示、虚拟现实技术以及互动展览,向游客介绍气象学的基本原理和应用。游客可以亲自操作各种气象仪器,了解它们的工作原理和测量方法。此外,科普中心还可以设置一个专门的区域,展示气象卫星和雷达图像,让游客了解现代气象预报技术的运作过程。

为了进一步增强游客的体验感,还可以设立一个气象观测站,让游客参与到真实的气象数据收集过程中。在专业气象学家的指导下,游客可以学习如何使用温度计、湿度计、风速计等仪器,记录和分析气象数据。通过这种亲身体验,游客不仅能获得知识,还能培养对气象科学的兴趣。

此外,还可以定期举办气象主题的讲座和研讨会,邀请气象学家和其他领域专家与游客进行面对面的交流。这些活动可以涵盖各种气象现象的成因、气候变化的影响以及气象科学在日常生活中的应用等多个方面。通过这些互动和学习的机会,游客不仅能获得丰富的知识,还能提高对环境保护和可持续发展的认识。

总之,通过建设气象体验馆、互动式科普中心、气象观测站以及举办各类讲座和研讨会,可以为游客提供一个全方位、多层次的气象科学体验平台。这不仅能激发公众对气象科学的兴趣,还能增强他们对自然现象的理解和尊重,从而促进科学普及和环境保护意识的提升。

三、气象科普旅游开发模式

结合气象科普教育,开发一系列旅游产品。例如,建立气象科普基地或气象博物馆,通过展览、互动体验等方式,向游客普及气象知识,提高公众对气象科学的认识和兴趣。

此外,可以设计一系列气象主题的旅游路线,让游客在欣赏自然美景的同时,了解不同地区的气候特征和气象现象。比如,可以推出"台风之旅",带领游客前往沿海地区,了解台风的形成、发展和防御措施;或者推出"干旱与洪涝体验之旅",让游客亲身体验干旱和洪涝对当地生态环境和人类生活的影响。

在旅游产品开发方面,可以与气象部门合作,利用气象数据和预报技术,开发气象主题的户外探险活动。例如,组织"气象探险营",让游客在专业气象人员的指导下,学习如何解读天气图、使用气象仪器,并在实际环境中观察气象变化。此外,还可以开展"气象摄影大赛",鼓励游客拍摄与气象相关的自然景观和现象,通过比赛的形式提高公众对气象美景的关注度。

为了进一步提升气象科普旅游的吸引力,可以开发气象主题的纪念品和文创产品。例如,设计气象主题的明信片、日历、冰箱贴等,将气象知识与日常生活紧密结合。还可以推出气象科普书籍和动画片,通过生动有趣的方式,向不同年龄段的游客传播气象科学知识。

还可以通过线上平台和社交媒体,建立气象科普旅游的互动社区。游客可以在社区中分享自己的气象旅游经历、心得和摄影作品,互相交流气象知识。同时,气象专家和导游可以定期在社区中发布气象科普文章和视频,解答游客的疑问,进一步增强公众对气象科学的理解和兴趣。

通过这些气象科普旅游产品的开发与推广,不仅可以丰富旅游市场,还能有效提升公众的气象科学素养,为应对气候变化和自然灾害提供有力支持。

四、气象节庆旅游开发模式

利用气象现象的季节性特点,举办各种节庆活动。例如,樱花季、枫叶季等,结合当地的气象特点,策划一系列与节气相关的旅游活动,吸引游客前来观赏和参与。

春季,可以举办"春花诗会"。邀请文人墨客和诗歌爱好者聚集于花海之中,吟咏春日美景,感受大自然的生机与活力。同时,可以组织摄影比赛和绘画展览,让游客用镜头和画０与惬意。可以邀请茶艺师现场表演茶艺,讲解茶叶的种植、采摘、制作等过程,让游客在品茶的同时,了解中国茶文化的博大精深。可以设置春雨许愿墙,让游客写下自己的心愿和祝福,增添一份浪漫与温馨。此外,还可以结合当地的文化特色,举办传统民俗活动,如舞龙舞狮、放风筝等,让游客在欢乐的氛围中体验传统文化的魅力。

夏季,可以利用雷雨和高温的季节性特点,举办"雷雨音乐节"。在雷雨频发的季节,邀请音乐家和乐队在户外搭建舞台,让游客在雷声轰鸣中感受音乐的震撼。同时,还可以设置一些与雷雨相关的互动体验活动,如"雷电摄影大赛",让游客在安全的前提下捕捉雷雨天气中的独特景象。

秋季,当天气转凉时,可以举办"丰收节"。结合当地的农业特色,策划一系列与收获相关的活动,如农作物采摘体验、农产品展销会等。游客不仅可以亲手采摘新鲜的水果和蔬菜,还可以品尝到当地的特色美食。此外,还可以安排一些与秋季气象相关的科普讲座,让游客在享受丰收喜悦的同时,了解气象变化对农作物生长的影响。

冬季,当雪花飘落时,可以举办"冰雪狂欢节"。在冰雪覆盖的地区,搭建各种冰雪雕塑和滑冰场,让游客在银装素裹的世界中尽情玩耍。还可以组织"雪地越野赛"和"冰雕比赛",让游客在寒冷的天气中体验运动的激情。此外,还可以邀请气象专家讲解冬季的气象知识,让游客在欣赏冰雪美景的同时,了解冬季气候的形成和特点。

通过这些与季节性气象现象相结合的节庆活动,不仅可以丰富游客的旅游体验,还能促进当地旅游业的发展,让更多人了解和欣赏大自然的奇妙之处。

五、气象疗养旅游开发模式

结合气象资源和疗养需求,开发具有保健功能的旅游产品。例如,利用温泉、负氧离子等资源,开发温泉疗养、森林疗养等项目,吸引游客前来进行健康养生。

第八章　气象旅游资源开发

除了温泉和森林疗养以外,还可以进一步挖掘其他自然疗养资源,打造多样化的健康养生旅游产品。例如,结合阳光充足的地区,开发日光浴疗养项目,让游客在享受阳光的同时,促进体内维生素D的生成,增强骨骼健康。此外,还可以利用海滨资源,开展海洋疗养项目,通过海水浴、沙滩漫步等活动,帮助游客缓解压力、放松身心。

在山地资源丰富的地区,可以开发山地疗养项目,结合山地运动,如徒步、登山等,促进心肺功能的提升。同时,山地环境中的清新空气和宁静氛围也有助于缓解都市生活的紧张情绪。对于那些拥有独特气候条件的地区,如高原、沙漠等,可以开发特色气候疗养项目,利用其独特的气候特征,如高原的低氧环境,进行适应性训练,增强身体机能。

此外,还可以结合当地特色农业资源,开发农业疗养项目。游客可以在农庄中参与有机耕作、采摘等活动,体验农耕文化,同时享受新鲜的有机食品,达到身心愉悦的效果。这些结合自然疗养资源的旅游产品,不仅能够丰富旅游市场,还能为游客提供更多的健康养生选择。当然,还可以进一步深入探索这些健康养生旅游产品的细节与特色,以吸引更多追求健康与放松的游客。

在温泉疗养项目中,除了传统的温泉泡汤外,还可以引入温泉SPA(水疗)、温泉瑜伽等现代养生方式。温泉SPA通过专业的按摩手法和温泉水的滋养,帮助游客放松肌肉、缓解疲劳;温泉瑜伽则结合了瑜伽的伸展与温泉的舒缓,让游客在自然的怀抱中达到身心的和谐统一。

森林疗养项目可以融入更多的自然体验元素,如森林徒步、生态观察、自然冥想等。游客可以在专业向导的带领下,深入森林腹地,感受大自然的鬼斧神工,同时学习识别植物、观察鸟类等生态知识。在森林中进行冥想,更是能让游客的心灵得到彻底的洗涤和放松。

对于海洋疗养项目,除了海水浴和沙滩漫步外,还可以增加海洋疗法,如海藻疗法、海水漂浮疗法等。这些疗法利用海洋中的天然物质和特殊环境,帮助游客改善皮肤状况、促进血液循环,达到美容养颜、强身健体的效果。

在山地疗养项目中,除了徒步和登山外,还可以结合当地的文化特色,开展民族风情体验活动。游客可以品尝地道的山地美食,参与民族舞蹈、手工艺制作等文化活动,感受山地人民的热情与淳朴。

农业疗养项目则可以结合农事体验、农耕文化展示、农产品采摘等多种形式,让游客在亲近自然的同时,了解农业知识,体验农耕乐趣。此外,还可以设置农产品加工体验区,让游客亲手制作农产品加工品,如果酱、蜂蜜等,增加游玩的趣味性和互动性。

总之,结合气象资源和疗养需求开发的健康养生旅游产品,应注重游客的全方位体验,将自然疗养与休闲娱乐、文化体验等相结合,打造独具特色的旅游品牌,吸引更多游客前来体验。

六、气象探险旅游开发模式

对于一些极端气象现象,可以开发探险旅游项目,如极地探险、高山攀登等。通过专业的探险团队和设备,带领游客挑战自我,体验极限气象条件下的探险乐趣。

在这些探险旅游项目中,游客不仅能感受到大自然的壮丽与神秘,还能深入了解极端气象现象背后的科学原理。探险团队会配备经验丰富的向导和科学家,为游客提供全面的讲解和指导。例如,在极地探险中,向导会介绍冰川的形成、极光的成因以及极地生态系统的独特性。而在高山攀登过程中,科学家则会讲解高海拔地区的气候特征、植被分布以及地质构造。

为了确保游客的安全,探险团队会提前进行详细的气象分析和路线规划。他们还会配备先进的气象监测设备,实时掌握天气变化,以便及时调整行程。此外,团队还会提供专业的装备,如防寒服、登山靴、氧气瓶等,确保游客在极端气象条件下也能保持舒适和安全。

探险旅游项目不仅限于成年人,许多组织还专门为青少年设计了探险营。这些营地旨在培养青少年的团队精神、自我挑战意识和生存技能。通过一系列精心设计的活动,如野外生存训练、定向越野和攀岩等,青少年可以在专业教练的指导下,逐步克服困难,增强自信心。

随着探险旅游的普及,越来越多的旅游公司开始注重可持续发展。它们与当地社区合作,确保旅游活动不会对环境造成破坏。例如,在极地探险中,探险团队会严格遵守环保规定,避免干扰野生动物的栖息地。在高山攀登过程中,团队会带走所有垃圾,保护山地的自然美景。

探险旅游项目为游客提供了一个独特的平台,让他们在专业团队的指导下,体验极限气象条件下的探险乐趣,同时深入了解自然界的奥秘。通过这些活动,游客不仅能挑战自我,还能增强环保意识,为保护地球贡献一份力量。随着技术的进步和人们对探索未知的热情持续增长,探险旅游的形式也在不断丰富。未来的探险旅游项目可能会融合更多高科技元素,为游客带来前所未有的体验。例如,虚拟现实和增强现实技术可能会被广泛应用于探险旅游中。游客可以在出发前通过VR设备预览探险路线,感受不同气象条件下的环境变化,为真实探险做好心理准备。在探险过程中,AR技术则可以将虚拟信息与真实世界叠加,让游客看到平时难以察觉的自然现象,如动物迁徙的路径、古老遗迹的复原图等,极大地丰富了探险的趣味性和教育意义。

无人机和机器人可能成为探险旅游的得力助手。无人机可以飞越难以到达的区域,拍摄到壮丽的自然风光和罕见的生物种群,为游客带来全新的视角和震撼的视觉效果。机器人则可以在极端环境下执行探测任务,收集科学数据,为探险团队提供重要支持。

探险旅游也可以更加注重个性化和定制化服务。旅游公司会根据游客的兴趣、体能和预算等因素,量身定制探险计划。无论是想要挑战极限的登山爱好者,还是渴望亲近自然的生态学者,都能找到适合自己的探险项目。

探险旅游还可以与公益事业相结合,推动社会进步。通过组织环保公益活动、支持当地社区发展等方式,探险旅游项目不仅能让游客体验到大自然的壮丽与神秘,还能激发他们保护环境的责任感和使命感。这样的旅游方式,无疑将成为未来旅游业的一股清流,引领旅游业向更加健康、可持续的方向发展。

七、气象农业旅游开发模式

充分利用气象资源,可以开发一系列与农业紧密相关的旅游项目。具体来说,可以依据不同的气象条件,选择适宜的农作物进行种植,从而吸引游客前来参观和体验。这些项目包括但不限于观光农业和农家乐,它们不仅让游客有机会深入了解和参与农耕活动,还能够让游客在欣赏美丽的田园风光的同时,体验到丰富的农耕文化。通过这样的旅游活动,游客不仅能够放松身心,还能增长知识,体验到与大自然和谐共处的乐趣。

八、气象文化旅游开发模式

深入挖掘气象现象与当地文化的关联,打造具有独特文化魅力的旅游项目。例如,在某些地区,降雨或干旱等气象现象与当地的民间故事、祭祀活动紧密相连。通过举办文化节、民俗活动等方式,将这些文化元素与气象旅游相结合,为游客提供一场文化与自然的双重盛宴。

九、气象科技旅游开发模式

随着科技的发展,气象观测和预测技术也在不断进步。可以将这些高科技元素融入旅游项目中,如建设气象观测站参观区,让游客近距离接触现代气象设备,了解气象科学的前沿技术。同时,还可以结合虚拟现实、增强现实等技术,为游客提供更加沉浸式的气象体验。

十、气象生态旅游开发模式

在保护生态环境的前提下,合理开发气象旅游资源。例如,在自然保护区或生态敏感区域,通过科学规划和严格管理,开发以观鸟、赏花、徒步等为主题的生态旅游项目。这些项目不仅能让游客亲近自然,还能提高他们对生态保护的认识和责任感。

十一、气象创意旅游开发模式

鼓励创新思维,开发具有创意的气象旅游产品。例如,设计以气象为主题的文创产品,如气象绘本、气象纪念品等;或者举办气象摄影大赛、气象文学创作比赛等活动,吸引更多人的参与和关注。这些创意产品和活动能够丰富气象旅游的内涵,提升旅游产品的附加值。

十二、气象健康养生旅游开发模式

随着人们对健康生活的追求日益提高,气象资源在健康养生方面的潜力也逐渐被挖掘。可以开发基于特定气象条件的健康养生旅游项目,如利用山区凉爽的气候和清新的空气,打造避暑养生度假区;或者利用海洋性气候的湿润与温和,开发海滨疗养胜地。这些项目可以结合中医养生理念,提供定制化的健康养生方案,满足游客对身心健康的追求。

十三、气象研学旅游开发模式

研学旅游是一种将学习与旅游相结合的新型旅游方式。可以针对不同年龄段的学生群体,设计气象研学旅游线路,如组织学生参观气象台站、气象博物馆,参与气象观测实验,了解气象预报流程等。同时,还可以邀请气象专家进行讲座和互动,激发学生对气象科学的兴趣和探索欲。

在确保安全的前提下,开发气象灾害体验与教育旅游项目。通过模拟和再现台风、洪水、干旱等气象灾害场景,让游客在模拟环境中体验灾害的破坏力和应对方法。同时,结合专业讲解和互动体验环节,提高游客对气象灾害的认识和防范意识。这种旅游项目不仅能够增强游客的自我保护能力,还能促进社会对气象灾害防治工作的关注和支持。

十四、气象主题民宿与酒店开发模式

结合当地气象特色和建筑风格,开发气象主题民宿和酒店。例如,在雪山脚下建设以雪景为主题的民宿,房间内部装饰和窗外风景都与雪景相呼应;或者在海滨城市打造以海洋气候为主题的酒店,提供海景房、沙滩活动设施等。这样的住宿体验不仅能让游客更深入地感受当地气象特色,还能提升住宿的舒适度和满意度。

十五、气象智慧旅游开发模式

利用大数据、云计算、物联网等现代信息技术手段,打造气象智慧旅游平台。通过收集和分析气象数据、游客行为数据等信息,为游客提供个性化的旅游推荐和服务。例如,根据实时气象预报为游客推荐适合的旅游路线和活动;或者通过智能导览系统为游客提供便捷的景区导航和解说服务。这种智慧旅游模式能够提升旅游体验的品质和效率。

十六、气象文化遗产保护与活化旅游开发模式

在一些地区,古老的观象台、气象站或相关建筑不仅是历史的见证,也是气象文化的宝贵遗产。可以通过对这些文化遗产进行保护与活化,开发具有历史深度的气象旅游项目。例如,修复并开放古老的观象台,让游客了解古代人们是如何观测天象、预测天气的;或者将废弃的气象站改造成气象文化博物馆,展示气象仪器的发展历程和气象科学的进步。这样的项目不仅能让游客感受到历史的厚重,也能增强他们对气象文化的认同感。

十七、气象与美食结合的旅游开发模式

气象条件对农作物生长和食材保存有着重要影响,进而影响到地方美食的特色。可以开发气象与美食相结合的旅游项目,如"四季美食之旅",根据季节变换推荐当地特色食材和美食,让游客在品尝美食的同时,了解背后的气象故事。此外,还可以举办气象美食文化节,邀请当地厨师和美食家展示与气象相关的创意菜肴,提升旅游的文化内涵和吸引力。

为了进一步丰富气象与美食相结合的旅游项目,可以设立一个"气象美食体验馆"。在这个体验馆中,游客不仅能品尝到各种与气象相关的美食,还能通过互动展览了解食材的生长周期、气候变化对食材品质的影响以及如何利用气象知识进行食材保存和烹饪。例如,在展示冬季食材时,可以介绍如何利用低温保存食材的新鲜度,或者在展示夏季食材时,讲解如何通过适当的遮阴和灌溉来应对高温天气对作物的影响。

还可以开发一系列与气象相关的美食旅游路线,如"雨季食材探寻之旅"或"晴朗天气下的葡萄采摘游"。在这些旅游路线中,游客可以亲自参与食材的采摘、加工和烹饪过程,体验从田间到餐桌的全过程。例如,在雨季,游客可以体验采摘雨后生长的蘑菇,了解雨季对蘑菇生长的促进作用;在晴朗天气下,游客可以参与葡萄园的采摘活动,品尝新鲜的葡萄和葡萄酒,了解阳光对葡萄品质的重要性。

为了进一步推广气象美食文化,还可以与当地学校合作,开展气象美食教育课程。通过这些课程,学生不仅能学习到气象知识和烹饪技巧,还能培养学生对地方美食文化的兴趣和认同感。课程可以包括气象与食材关系的讲座、食材烹饪实践课以及品尝地方特色美食的活动,让学生们在动手实践中了解气象对美食的影响。

通过建立气象美食网站和社交媒体平台,可以为游客提供实时的气象信息和美食推荐。网站和平台可以发布不同气象条件下推荐的食材和美食,分享气象美食故事和烹饪技巧,甚至可以提供在线预订服务,让游客提前安排他们的气象美食之旅。

通过线上线下的结合,气象美食旅游项目将更加丰富多彩,吸引更多的游客前来体验。当然,为了深化气象与美食结合的旅游体验,还可以考虑以下几个创新方向。

(一)气象主题餐厅

在热门旅游城市或风景区内,开设以气象为主题的餐厅。餐厅内部装饰可以根据四季变换或特定天气现象进行设计,如模拟雨林环境的热带雨林主题、展现极光效果的极地风情主题等。菜单则根据当季气象条件和特色食材定制,让顾客在享受美食的同时,仿佛置身于不同的气象环境中。

(二)气象美食工作坊

定期举办气象美食工作坊,邀请知名厨师、美食博主和气象专家共同参与。在工作坊中,参与者不仅可以学习如何根据气象条件挑选和烹饪食材,还能深入了解气象变化对食材生长、储存及烹饪过程的微妙影响。通过亲手制作与气象相关的创意菜肴,参与者能够更加深刻地体验到气象与美食之间的紧密联系。

(三)气象美食徒步路线

结合当地的自然风光和特色美食,设计一系列气象美食徒步路线。这些路线将引导游客穿越不同的气候区域,体验从山林到海滩、从湿地到高原的多样气候,并在沿途的农家乐或特色餐馆品尝与当地气象条件相契合的美食。通过这样的徒步之旅,游客不仅能锻炼身体,还能深刻感受到气象对地方美食文化的塑造作用。

(四)气象美食故事集

出版一本关于气象与美食相结合的故事集,收录各地因气象条件而形成的独特美食故事、传统制作工艺以及现代创新尝试。这本书可以作为旅游纪念品出售给游客,让他们在离开旅游目的地后依然能回味那些与气象紧密相连的美食记忆。

(五)气象美食APP

开发一款集气象预报、美食推荐、烹饪教程于一体的气象美食APP。用户可以根据当前位置或计划前往的旅游目的地获取实时的气象信息和当地特色美食推荐。APP还提供详细的烹饪教程和视频指导,帮助用户在家也能尝试制作那些与气象相关的美味佳肴。通过这款APP,用户可以随时随地感受到气象与美食的奇妙融合。

第四节 气象旅游资源开发案例

一、雷暴观赏旅游

雷暴作为一种壮观的自然现象,吸引了众多旅游爱好者。美国科罗拉多州的雷暴观赏旅游就是一个成功的案例。每年夏季,科罗拉多州的落基山脉都会迎来大量的雷暴天气,吸引众多摄影爱好者和自然探险者。当地政府和旅游部门合作,开发了雷暴观赏旅游项目,提供专业的导游服务和安全措施,确保游客在观赏雷暴时能够充分体验大自然的壮丽与神秘。

（一）澳大利亚雷暴观赏旅游

在澳大利亚的内陆地区,雷暴观赏旅游备受推崇。每年的雨季,在内陆的广阔平原上常常会出现壮观的雷暴景象。为了满足游客的需求,当地旅游公司推出了"雷暴追踪之旅"。游客们乘坐越野车深入内陆,由经验丰富的向导带领,不仅能够观赏到电闪雷鸣的自然奇观,还能了解到关于雷暴形成和当地生态环境的知识。此外,旅游公司还特别安排了夜间露营活动,让游客在安全的环境下,近距离感受雷暴带来的震撼。

（二）印度喀拉拉邦雷暴观赏旅游

印度喀拉拉邦以其独特的地理位置和气候条件,成为雷暴观赏的理想之地。每年的西南季风季节,喀拉拉邦都会迎来频繁的雷暴天气。当地旅游部门推出了"雷暴季风之旅",结合了文化体验和自然探险。游客可以在专业导游的陪同下,参观古老的寺庙和传统村落,感受当地独特的文化氛围。同时,游客还可以在指定的安全区域内观赏雷暴,体验大自然的力量。此外,旅游项目还包括了雨季特有的传统美食体验,让游客在味蕾上也能感受到季风带来的独特风味。

（三）日本北海道雷暴观赏旅游

日本的夏季也常常伴随着强烈的雷暴天气,特别是在北海道地区,其夏季的雷暴观赏旅游项目吸引了众多国内外游客。北海道的雷暴通常伴随着壮丽的闪电和震耳欲聋的雷声,为游客提供了难得的视觉和听觉盛宴。当地旅游公司推出了"雷暴探险之旅",游客可以在专业导游的带领下,深入山区或海岸线,在观赏雷暴的同时,还能体验徒步、钓鱼等户外活动。为了确保游客的安全,旅游公司还提供了实时气象更新和紧急救援服务,让游客在尽情享受大自然的同时,也能感到安心。

（四）南非克鲁格国家公园雷暴观赏旅游

在南非的克鲁格国家公园,雷暴观赏旅游与野生动物观察完美融合。这片广袤的自然保护区以其丰富的野生动植物资源而闻名,而夏季的雷暴天气更为这片土地增添了几分神秘与壮丽。旅游公司推出了"雷暴下的野性追踪"项目,游客们乘坐敞篷越野车,在导游的指引下穿梭于草原和丛林之间,不仅有机会近距离观察到狮子、大象、犀牛等非洲五霸,还能在雷暴的映衬下,捕捉到它们不同寻常的自然行为。夜晚,当雷暴来临时,游客们还可以在安全的营地内,围坐在篝火旁,聆听大自然的声音,感受非洲大地的脉动。

(五)中国四川稻城亚丁雷暴观赏旅游

中国的四川稻城亚丁,被誉为"水蓝色星球上的最后一片净土"。这里的夏季,虽然雷暴不如其他地区频繁,但每一次出现都足以震撼人心。当地旅游部门结合稻城亚丁独特的自然风光,推出了"雷暴下的圣境之旅"。游客们可以沿着蜿蜒的山路,徒步穿越原始森林,抵达雪山脚下的草甸,那里是观赏雷暴的最佳位置。当乌云压顶、雷声轰鸣、闪电划破天际时,稻城亚丁的雪山、湖泊、草甸在雷暴的映衬下更显神圣与壮丽。此外,游客们还能参与当地的藏族文化活动,体验独特的民族风情。

(六)挪威峡湾雷暴观赏旅游

挪威的峡湾地区,以其险峻的山脉、深邃的峡湾和频繁的雷暴天气而著称。在这里,雷暴观赏旅游与探险活动紧密相连。游客们可以乘坐小船穿梭于峡湾之间,近距离感受海浪拍打着峭壁、雷暴在头顶轰鸣的震撼场景。同时,游客还可以选择徒步或攀岩,挑战自我,探索未知的领域。挪威的峡湾地区不仅为游客提供了独特的雷暴观赏体验,还让他们在大自然的怀抱中找到了内心的平静与力量。

二、极光观赏旅游

极光是地球上最令人惊叹的自然景观之一,吸引了无数游客前往观赏。芬兰的拉普兰地区就是一个极光观赏的绝佳地点。当地政府和旅游企业合作,开发了多种极光观赏旅游产品,包括极光观测营地、极光主题酒店和极光摄影课程等。此外,还推出了极光预报服务,帮助游客提前安排观赏行程,确保最佳观赏体验。

(一)芬兰拉普兰极光观赏旅游

在拉普兰的冬季,一位来自日本的年轻摄影师,为了捕捉到极光的美丽瞬间,提前预订了当地一家极光主题酒店。酒店不仅提供舒适的住宿环境,还设有专门的极光观测台。摄影师在酒店工作人员的指导下,使用专业的摄影设备进行拍摄。经过几天的耐心等待和多次尝试,他终于在一次强烈的极光爆发中,拍摄到了一张令人惊叹的照片。这张照片不仅在社交媒体上获得了极高的赞誉,还被一家知名旅游杂志选为封面。

来自澳大利亚的一对夫妇,选择了一家提供极光观测营地的旅游公司进行旅行。他们在一个寒冷的夜晚,躺在温暖的睡袋中,仰望着满天繁星和绚丽的极光。营地还提供了篝火晚会和热饮服务,让游客在观赏极光的同时,也能感受到拉普兰的传统文化。这对夫妇表示,这次旅行不仅让他们看到了一生难忘的自然奇观,还让他们体验到了当地独特的文化氛围。

一个来自中国的旅行团在拉普兰进行了一次难忘的极光之旅。旅行团的导游是一位经验丰富的当地人,他不仅带领游客们参观了美丽的自然景观,还详细讲解了极光的科学原理和形成过程。在一次极光爆发的夜晚,导游带领大家来到一个开阔的湖面上,利用冰洞钓鱼的方式进行活动。正当大家专注于钓鱼时,极光突然在天空中爆发,呈现出一片绿色的光幕。游客们在冰面上欢呼雀跃,纷纷拿出手机记录下这一难忘的瞬间。这次旅行不仅让游客们欣赏到了极光的美丽,还让他们体验到了拉普兰独特的冬季活动。

来自美国的一家人,决定利用寒假进行一场极地探险之旅。他们选择了一个包含极光观测和雪地活动的综合套餐。在拉普兰的一个小镇上,他们入住了一间装饰着极光主题的民宿,每晚都能通过巨大的玻璃窗观赏到璀璨的星空和偶尔划过的极光。民宿主人还为他们准备了一系列与极光相关的手工艺品制作课程,如用彩纸折叠极光形状的装饰品,让这次旅行不仅仅是视觉上的享受,更成了一次亲子互动的温馨时光。除了观赏极光外,这一家人还参与了狗拉雪橇的活动。他们坐在由几只强壮的雪橇犬拉着的小车上,穿越银装素裹的森林,感受着北国风光的壮丽与宁静。在回程的路上,他们甚至幸运地遇到了一群正在觅食的驯鹿,这意外的邂逅为他们的旅程增添了更多的惊喜和乐趣。

一位环保主义者选择了一种更为低碳和自然的极光观赏方式——徒步穿越。他加入了一个由当地向导带领的小团队,穿着专业的防寒装备,踏上了寻找最佳极光观赏点的征途。沿途,他们不仅欣赏到了拉普兰独特的自然风光,还深入了解了这片土地上的生态系统和野生动物保护知识。在一次深夜的徒步中,当其他游客都在温暖的室内等待时,这位环保主义者和他的团队在一片无垠的雪原上,亲眼见证了极光的壮丽诞生。那一刻,所有的寒冷和疲惫都烟消云散,只剩下对大自然无尽的敬畏和热爱。

这些案例不仅展示了拉普兰作为极光观赏胜地的魅力所在,还体现了不同游客对旅行体验的多样化追求。无论是追求专业摄影的极致之美,还是享受家庭亲子时光的温馨与欢乐;无论是体验传统文化的深厚底蕴,还是探索自然奥秘的无限可能,拉普兰都能满足每一位游客的独特需求。

(二)中国漠河极光观赏旅游

漠河,作为中国最北端的城市,以其独特的地理位置和气候条件,成了观赏极光的绝佳地点。每年冬季,当其他地区还在享受着温暖的阳光时,漠河已经进入了观赏极光的最佳季节。这里的极光,以其神秘莫测、变幻无穷的色彩和形态,吸引了无数摄影爱好者和自然探索者。

漠河极光旅游不仅仅局限于观赏这一自然奇观上,它还结合了当地丰富的文化资源和民俗活动。游客们可以在观赏极光的同时,体验鄂温克族和鄂伦春族等少数民族的传统生活方式,品尝地道的北方美食,感受浓郁的民族风情。此外,漠河还拥有丰富的冰雪旅游资源,如冰雕艺术节、雪地摩托和狗拉雪橇等冬季活动,为游客提供了多样化的旅游体验。

为了更好地保护和利用这一宝贵的气象旅游资源,漠河当地政府和旅游部门采取了一系列措施。例如,制定严格的环境保护政策,限制游客数量,以减少对自然环境的影响。同时,它们还开发了多种旅游产品和服务,如极光观测站、专业摄影指导和特色住宿体验,以满足不同游客的需求。

未来,漠河极光旅游的发展前景广阔。随着科技的进步和旅游市场的不断拓展,漠河有望成为全球知名的极光旅游目的地。通过持续的资源保护和科学的旅游开发,漠河不仅能够为游客提供难忘的极光观赏体验,还能促进当地经济的发展,实现旅游与环境保护的和谐共生。

(三)冰岛极光观赏旅游

冰岛,这个位于北大西洋的岛国,以其独特的地理位置和气候条件,成为全球极光观赏的热门目的地之一。每年的秋末至春初,冰岛的夜空都会被绚丽多彩的极光所装点,吸引了来自世界各地的游客。冰岛的极光不仅以其壮观的景象著称,还因其多变的形态和丰富的色彩而闻名。在冰岛,游客们可以体验到从宁静的绿色光带到激烈的紫色光幕的多种极光形态。

冰岛政府和旅游部门非常重视极光旅游的可持续发展,其采取了多种措施来保护这一珍贵的自然现象。例如,限制某些地区的游客数量,以减少对当地环境的影响,并提高人们的环保意识。此外,冰岛还开发了多种与极光相关的旅游产品和服务,如极光观测站、专业摄影指导和特色住宿体验,以满足不同游客的需求。

冰岛的极光旅游不仅仅局限于观赏这一自然奇观,它还结合了当地丰富的文化资源和民俗活动。游客们可以在观赏极光的同时,体验冰岛独特的文化传统和生活方式,品尝地道的冰岛美食,感受浓郁的北欧风情。此外,冰岛还拥有丰富的地热资源和火山景观,为游客提供了多样化的旅游体验。

冰岛的极光旅游发展也得益于其先进的科技和基础设施。冰岛拥有世界一流的天文观测设施和气象研究机构,为游客提供了专业的极光观测和摄影指导。同时,冰岛的交通网络发达、住宿条件优越,为游客提供了便利和舒适的旅行体验。

未来,冰岛极光旅游的发展前景十分广阔。随着科技的进步和旅游市场的不断拓展,冰岛有望成为全球知名的极光旅游目的地。通过持续的资源保护和科学的旅游开发,冰岛不仅能够为游客提供难忘的极光观赏体验,还能促进当地经济的发展,实现旅游与环境保护的和谐共生。

(四)瑞士极光观赏旅游

瑞士,这个阿尔卑斯山脚下的国家,以其壮丽的山景和宁静的湖泊闻名于世。然而,瑞士的极光观赏旅游同样不容忽视。瑞士的地理位置及其高海拔山区为观赏极光提供了得天独厚的条件。每年冬季,当夜幕降临,瑞士的高山之巅便成为观赏北极光的绝佳地点。游客们可以在山顶的观景台或豪华的山顶酒店中,一边享受温暖的室内环境,一边等待那神秘的绿色光带在夜空中舞动。

瑞士的极光观赏旅游不仅限于视觉体验,还结合了丰富的文化活动和当地特色美食。在等待极光出现的间隙,游客可以参加由当地向导组织的阿尔卑斯山文化讲座,了解瑞士的民俗和历史。此外,瑞士的奶酪火锅和热巧克力等传统美食,为寒冷的夜晚增添了一份温馨和满足感。

为了保护这一珍贵的自然现象,瑞士政府和旅游部门采取了一系列措施,确保极光观赏活动对环境的影响降到最低。例如,限制在某些敏感区域的夜间照明,以及推广使用环保交通工具前往观赏点。这些措施不仅有助于维护瑞士的自然美景,也为游客提供了一个更加纯净和宁静的观赏环境。

随着科技的进步和对极光现象研究的深入,瑞士的极光观赏旅游也在不断创新。例如,利用增强现实技术,游客可以通过智能手机或特殊设备,实时了解极光的成因和特点,甚至在没有极光出现的日子里,也能体验到极光的魅力。这种科技与自然的结合,不仅丰富了游客的体验,也为瑞士的极光旅游增添了新的活力。

未来,瑞士极光观赏旅游的发展前景十分广阔。随着全球气候变化关注度的提升,越来越多的游客开始寻求可持续的旅游方式。瑞士凭借其先进的环保理念和丰富的旅游资源,有望成为全球极光观赏旅游的标杆。通过不断优化旅游产品和服务,瑞士不仅能够为游客提供难忘的极光观赏体验,还能促进当地经济的可持续发展,实现旅游与环境保护的和谐共生。

三、云海观赏旅游

云海作为一种独特的气象景观,常常出现在高山地区。日本富士山就是一个著名的云海观赏地。当地政府和旅游企业合作,开发了云海观赏旅游项目,提供云海观测点、云海主题餐厅和云海摄影课程等。此外,还推出了云海预报服务,帮助游客提前了解云海出现的时间和地点,确保最佳观赏体验。

(一)瑞士阿尔卑斯山脉云海观赏旅游

在瑞士阿尔卑斯山脉,云海观赏旅游备受青睐。当地一家旅游公司专门组织了云海探险之旅,游客可以在专业导游的带领下,深入山区,体验在云海中漫步的感觉。他们还特别设计了云海露营项目,让游客在清晨醒来时,能够直接在帐篷外欣赏到壮观的云海景象。此外,公司还与气象部门合作,提供实时的云海预报服务,确保游客能够最大限度地享受到这一自然奇观。

(二)中国黄山云海观赏旅游

在中国黄山,云海观赏同样是旅游的一大亮点。黄山风景区管理局推出了"黄山云海节"活动,在特定的季节邀请摄影爱好者和游客前来观赏和拍摄云海。为了丰富游客体验,管理局还设立了云海观景台,并在观景台附近开设了茶社,游客可以在品茶的同时欣赏云海。此外,黄山风景区还推出了云海摄影比赛,吸引了众多摄影爱好者前来参与,进一步提升了黄山云海的知名度。

(三)美国优胜美地国家公园云海观赏旅游

在美国加利福尼亚州的优胜美地国家公园,云海观赏是一项受欢迎的活动。公园管理处与当地旅游公司合作,开发了多条云海观赏路线,并在最佳观景点设立了观景台和解说牌,帮助游客更好地了解云海的形成和特点。为了满足不同游客的需求,优胜美地国家公园还提供了云海徒步旅行团和云海观星活动,让游客在欣赏云海的同时,也能体验到夜晚的星空之美。此外,公园还定期举办云海摄影工作坊,邀请专业摄影师教授拍摄技巧,吸引了众多摄影爱好者前来学习和交流。

(四)新西兰弗朗茨·约瑟夫冰川云海观赏旅游

在新西兰的南岛,弗朗茨·约瑟夫冰川区域以其独特的地理位置和气候条件,成为观赏云海的绝佳地点。当地旅游部门携手当地向导和民宿业主,打造了一系列以"云端漫步"为主题的旅游套餐。这些套餐不仅包括了前往冰川区域的交通、住宿,还特别安排了早晨的云海徒步活动。游客们可以跟随经验丰富的向导,穿越茂密的雨林,攀登至山顶,亲眼见证云海从山间缓缓升起,仿佛置身于仙境之中。此外,为了提升游客的参与感,当地还开设了云海摄影指导课程,让游客在捕捉美景的同时,也能学习到专业的摄影技巧。

(五)尼泊尔喜马拉雅山脉云海观赏旅游

在尼泊尔,喜马拉雅山脉的壮丽景色吸引了全球游客的目光,而云海作为其中的点睛之笔,更是让人流连忘返。尼泊尔旅游局与当地的旅行社紧密合作,推出了多条穿越喜马拉雅山脉的徒步旅行线路,其中不乏以云海观赏为主要卖点的线路。这些线路通常会选择在秋冬季节进行,因为这个季节的云海最为壮观。在徒步过程中,游客们不仅可以近距离欣赏到雪山的巍峨,还能在清晨或傍晚时分,看到云海环绕在山腰,如同一条银色的绸带,将群山紧紧相连。为了确保游客的安全与舒适,旅行社还会提供专业的向导、装备租赁以及紧急救援服务。

(六)中国张家界国家森林公园云海观赏旅游

在中国的张家界国家森林公园,云海与奇峰异石相映成趣,构成了一幅幅动人心魄的画面。为了提升游客的观赏体验,张家界市旅游局与多家科技公司合作,开发了智能云海观赏系统。该系统利用无人机航拍、气象数据分析等技术手段,实时监测云海的变化情况,并通过手机 APP、景区大屏幕等多种渠道向游客发布云海预报和观赏建议。同时,景区还设置了多个观景平台和步道,引导游客从不同角度、不同高度欣赏云海的美景。此外,为了丰富游客的文化体验,张家界还举办了云海文化节等活动,通过诗词朗诵、摄影展览等形式,展现云海与文化的深度融合。

四、彩虹观赏旅游

彩虹作为一种美丽的自然现象,常常出现在雨后晴天。美国大峡谷国家公园就是一个彩虹观赏的绝佳地点。当地政府和旅游企业合作,开发了彩虹观赏旅游项目,提供彩虹观测点、彩虹主题餐厅和彩虹摄影课程等。此外,还推出了彩虹预报服务,帮助游客提前了解彩虹出现的时间和地点,确保最佳观赏体验。

(一)中国内蒙古草原彩虹观赏旅游

内蒙古草原以辽阔和自然美景著称,彩虹的出现更添神秘浪漫。当地旅游和气象部门合作,提供彩虹预报服务。旅游项目设计了多条观赏路线,让游客体验不同地点的彩虹美景,并结合当地文化特色,推出民族风情表演和手工艺品展示。游客还能品尝地道美食、购买纪念品,获得全方位文化体验。针对摄影爱好者,开设了彩虹摄影工作坊。该项目不仅提供观赏自然奇观的机会,还促进当地经济发展和文化传播,帮助游客深入了解内蒙古的自然和文化,同时对保护和传承自然资源及文化遗产做出贡献。

(二)中国西藏高原双彩虹观赏旅游

西藏高原因其独特的地理和气候条件,成为观赏双彩虹的理想地点。双彩虹的形成与雨后阳光折射、反射有关,高海拔和稀薄大气层增加了其出现概率。西藏旅游和气象部门合作,推出双彩虹观赏旅游项目,提供气象信息、预报服务、观景路线和观景点。旅游项目结合当地文化,举办双彩虹文化节等活动,丰富游客体验,促进经济发展和文化传承。为确保可持续发展,注重环境保护和生态平衡,制定严格措施,控制游客数量,避免对生态造成不良影响。该项目已成为西藏旅游亮点,吸引众多摄影爱好者和探险者,有望成为标志性产品,推动旅游业发展。

(三)中国贵州瀑布彩虹观赏旅游

贵州以喀斯特地貌和水资源丰富著称,瀑布彩虹旅游项目则利用了这些自然优势。黄果树瀑布是其中最著名的,也是世界知名瀑布之一,雨后常见彩虹,吸引摄影爱好者和探险者。贵州旅游部门规划了观赏路线,建设观景台和步道,举办瀑布彩虹文化节,丰富游客体验,促进经济发展和居民生活水平提升。同时,旅游部门还采取措施保护环境,建设生态旅游区,科学管理游客数量,确保可持续发展。

(四)美国彩虹观赏旅游

美国地理环境广阔,气候多样,为彩虹观赏提供了丰富机会。科罗拉多州的大峡谷国家公园是观赏自然彩虹的热门地点,其壮观地貌和雨后彩虹相映成趣。美国中西部草原和东部沿海地区雨后也常见彩虹。此外,美国还有彩虹节等文化活动。为了保护气象旅游资源,美国旅游部门和环保组织采取了多种措施,如强调环保重要性、建立生态旅游区、限制游客数量和提供环保教育,以确保旅游活动的可持续性,同时保护环境并为当地社区带来经济效益。

(五)英国彩虹观赏旅游

英国彩虹观赏旅游因其与乡村和城市景观的结合而独具魅力。苏格兰高地雨后彩虹与山丘、城堡、湖泊相映成趣。国家公园和自然保护区,如湖区和新森林也是观彩虹的好地方。英国旅游部门推出彩虹追踪活动,鼓励游客在最佳条件下观赏彩虹,同时注重可持续性、保护环境。推广策略包括与气象部门合作发布预报、与摄影协会合作举办比赛、与旅游网站合作推出主题线路,这些措施提升了旅游知名度并带动了经济发展。

(六)巴西彩虹观赏旅游

巴西的彩虹旅游因自然美景和文化吸引游客。雨季时,亚马孙雨林和伊瓜苏瀑布等地常见彩虹。巴西旅游部门推出彩虹主题旅游线路,结合文化活动和生态旅游,提供专业导游服务。同时,注重可持续旅游,进行环保教育,促进环境保护。推广策略包括与气象部门合作发布彩虹预报、与摄影协会合作举办摄影比赛,以及与旅游网站合作推出彩虹主题旅游产品,这些措施提升了旅游知名度并带动了经济发展。

五、雾凇体验旅游

(一)吉林雾凇体验旅游

中国东北的吉林,雾凇以其独特的美丽和神秘感,成为冬季旅游的一大亮点。每当冬季气温极低时,水汽在树枝上凝结成冰晶,形成了如梦似幻的雾凇景观。当地政府充分利用这一独特的自然资源,开发了雾凇体验旅游项目。游客们可以沿着精心设计的步道,近距离观赏这些晶莹剔透的冰花,感受冬日里的别样风情。同时,为了提升游客体验,当地还推出了雾凇摄影比赛、冰雕展览等文化活动,让游客在欣赏美景的同时,也能参与到丰富多彩的文化活动中来。

(二)黑龙江雾凇体验旅游

在黑龙江,雾凇同样是一道不可多得的自然奇观。位于黑龙江的镜泊湖,每当冬季来临时,湖面的水汽与冷空气相遇,形成一层薄薄的冰晶,覆盖在湖边的树木和岩石上,营造出一个银装素裹的冰雪世界。游客们可以乘坐雪橇或徒步在湖边的雪地上,体验与大自然亲密接触的乐趣。此外,黑龙江还推出了以雾凇为主题的摄影比赛和冰雪节庆活动,吸引摄影爱好者和游客前来参与,进一步丰富旅游体验。

(三)新疆天山雾凇体验旅游

新疆的天山山脉,冬季时分,山间雾气与低温相遇,同样能够形成壮观的雾凇景观。天山的雾凇以其独特的地理位置和壮丽的山景为背景,吸引了众多摄影爱好者和登山探险者。新疆地区还特别开发了雾凇探险旅游路线,让游客在专业导游的带领下,深入天山腹地,体验别样的冰雪探险之旅。同时,新疆还结合当地丰富的民族文化和美食,推出了特色旅游套餐,让游客在欣赏自然美景的同时,也能体验到浓郁的地方文化。

(四)四川九寨沟雾凇体验旅游

四川的九寨沟,以其独特的水体景观和原始森林而闻名。冬季时,九寨沟的雾凇景观同样令人叹为观止。九寨沟的雾凇不仅覆盖在树枝上,还覆盖在瀑布和湖泊上,形成了一幅幅如梦如幻的画卷。四川当地政府和旅游部门针对这一自然奇观,开发了雾凇观赏旅游项目,并结合当地的藏族文化,推出了藏族风情表演和特色餐饮,让游客在欣赏雾凇美景的同时,也能深入了解和体验藏族文化。

(五)安徽黄山雾凇体验旅游

在中国安徽,黄山以其奇松、怪石、云海、温泉闻名于世。当冬季来临时,黄山的雾凇景观同样令人叹为观止。游客们可以乘坐缆车到达山顶,沿着蜿蜒的步道,欣赏到被雾凇覆盖的松树和奇石,仿佛置身于一个冰雪童话世界。黄山的雾凇体验旅游不仅为游客提供了观赏自然美景的机会,还通过举办摄影比赛、文化讲座等活动,丰富了旅游的文化内涵。

(六)江西庐山雾凇体验旅游

位于江西的庐山,以其秀美的自然风光和深厚的文化底蕴吸引着众多游客。庐山的雾凇景观同样别具一格,尤其是当晨雾升起时,山峰若隐若现,雾凇覆盖的树木和建筑宛如仙境。庐山的雾凇体验旅游项目不仅能让游客领略到大自然的神奇,还通过组织茶文化体验、禅修活动等,让游客在欣赏美景的同时,也能体验到中国传统文化的魅力。

(七)四川峨眉山雾凇体验旅游

四川峨眉山,作为中国四大佛教名山之一,其雾凇景观同样令人难忘。峨眉山的雾凇体验旅游项目结合了佛教文化,游客在观赏雾凇的同时,还可以参观寺庙、听禅师讲经,体验一种心灵的净化和宁静。此外,峨眉山还定期举办以雾凇为主题的摄影展览和文化活动,进一步提升了旅游的文化价值和吸引力。

六、气候疗养旅游

随着人们健康意识的提高,气候疗养旅游逐渐成为一种新兴的旅游方式。某些地区因其独特的气候条件,如清新的空气、适中的温度、丰富的负氧离子等,对人体健康具有显著的益处。例如,瑞士的阿尔卑斯山区就是著名的气候疗养胜地。当地政府和旅游企业合作,开发了气候疗养旅游产品,提供高品质的住宿、餐饮和疗养服务,吸引了大量寻求健康生活的游客前来体验。

(一)日本箱根温泉气候疗养旅游

日本的箱根地区,以其温泉资源和清新的山地气候而闻名。这里的气候疗养旅游结合了传统的温泉疗法和现代的健康理念。游客不仅可以享受天然温泉的舒适，还能参与各种养生课程，如瑜伽、冥想和自然疗法。此外，箱根地区还提供定制化的健康检查服务，帮助游客了解自身的健康状况，并根据个人需求制定疗养计划。

（二）澳大利亚黄金海岸气候疗养旅游

澳大利亚的黄金海岸，以其阳光明媚的气候和美丽的海滩而著称。这里的气候疗养旅游注重户外活动和阳光疗法。游客可以在海滩上进行沙滩瑜伽、冲浪和慢跑等活动，同时享受充足的阳光照射，促进体内维生素 D 的生成。此外，当地还提供有机食品餐厅和健康食品市场，让游客在享受美食的同时，也能保持健康的饮食习惯。

（三）智利阿塔卡马沙漠气候疗养旅游

智利的阿塔卡马沙漠，是世界上气候最干燥的地区之一。这里的气候疗养旅游主打纯净的空气和干燥的气候，对患有呼吸道疾病的人群具有特别的疗效。游客可以在这里进行沙漠徒步、观星等活动，同时享受当地特色的疗养设施，如盐水泳池和矿物质泥浴。此外，阿塔卡马沙漠的疗养旅游还注重心灵的放松和恢复，提供冥想课程和自然疗法，帮助游客在宁静的环境中找到内心的平和。

（四）以色列内盖夫沙漠气候疗养旅游

以色列的内盖夫沙漠地区，以其独特的沙漠景观和干燥的气候条件，成为一个新兴的气候疗养旅游目的地。该地区利用其沙漠环境，开发了一系列以健康和康复为主题的旅游项目。游客可以体验沙漠中的瑜伽和冥想课程，这些活动在宁静的沙漠环境中进行，有助于放松身心。此外，内盖夫沙漠还提供了一系列的健康检查和个性化疗养计划，结合了现代医学和传统自然疗法，为游客提供全面的健康服务。

（五）美国亚利桑那州气候疗养旅游

美国亚利桑那州以其干燥的气候和壮丽的自然风光而闻名，是另一个气候疗养旅游的理想选择。该地区的气候疗养旅游项目特别强调户外活动和自然疗法。游客可以参与徒步旅行、骑马和观星等户外活动，同时享受亚利桑那州的阳光和清新空气。此外，该地区还提供了一系列的健康和康复服务，包括营养咨询、健康讲座和个性化疗养计划，旨在帮助游客在享受自然美景的同时，改善健康状况。

（六）摩洛哥撒哈拉沙漠气候疗养旅游

摩洛哥的撒哈拉沙漠，以其神秘的沙丘和独特的气候条件，吸引了众多寻求气候疗养的游客。撒哈拉沙漠的气候疗养旅游项目结合了探险和康复，游客可以体验骑骆驼穿越沙丘、观赏星空和沙漠日出等独特活动。此外，撒哈拉沙漠的疗养设施包括传统的沙漠帐篷和露天浴场，游客可以在享受沙漠宁静的同时，体验到独特的疗养体验。撒哈拉沙漠的气候疗养旅游还特别注重提供放松和减压的环境，帮助游客远离都市的喧嚣，恢复身心健康。

（七）西班牙安达卢西亚气候疗养旅游

西班牙的安达卢西亚地区，以其温暖的气候和丰富的文化遗产而著称。这里的气候疗养旅游项目融合了地中海的温暖气候和当地的文化特色。游客可以在享受阳光和海风的同时，参与各种文化活动，如参观历史古迹、品尝当地美食和参加手工艺品制作课程。安达卢西亚的气候疗养旅游还提供了一系列的健康和康复服务，包括水疗、按摩和健康讲座，旨在为游客提供一个全面的身心疗养体验。

七、气候节庆旅游

为了进一步提升气象旅游资源的吸引力，许多地方还结合当地的气候特点，举办了各种气候节庆活动。例如，在日本的樱花季，当地会举办盛大的樱花节，游客们可以一边欣赏盛开的樱花，一边品尝美食、参加传统文化活动，感受浓厚的节日氛围。在加拿大的枫叶节、新西兰的滑雪节等活动中，游客们也能通过参与丰富多彩的活动，深入体验当地的气候特色和文化魅力。

（一）瑞士阿尔卑斯山区圣莫里茨滑雪节

在瑞士阿尔卑斯山区，每年冬季都会举办国际知名的圣莫里茨滑雪节。这个节庆活动吸引了来自世界各地的滑雪爱好者和游客。除了滑雪比赛和展示外，游客们还可以体验到当地独特的冰雕艺术展、雪地马车游和冰上运动项目。圣莫里茨滑雪节不仅展示了瑞士冬季的壮丽景色，还让游客们在寒冷的冬季感受到温暖的瑞士文化和热情好客。

（二）澳大利亚塔斯马尼亚美食与葡萄酒节

在澳大利亚的塔斯马尼亚州，夏季的阳光和温暖气候为当地带来了独特的气候节庆——塔斯马尼亚美食与葡萄酒节。这个节庆活动将美食、美酒与自然风光完美结合，游客们可以在欣赏塔斯马尼亚壮丽海岸线的同时，品尝到当地新鲜的海鲜、有机蔬菜和顶级葡萄酒。此外，还有烹饪课程、品酒会和农场参观等活动，让游客们能够深入了解塔斯马尼亚的美食文化和葡萄酒制作工艺。

（三）印度塔尔沙漠音乐节

在印度的拉贾斯坦邦，每年的季风季节都会迎来一个特别的节日——塔尔沙漠音乐节。这个音乐节在沙漠中举行，吸引了众多音乐爱好者和游客。在星空下，人们可以欣赏到印度传统音乐、舞蹈表演以及国际艺术家的精彩演出。塔尔沙漠音乐节不仅展示了印度丰富的音乐文化，还让游客们在沙漠的宁静与神秘中体验到独特的音乐之旅。

（四）中国西双版纳泼水节

在中国云南的西双版纳，每年春季都会举办盛大的泼水节，这是傣族人民庆祝新年的传统节日。随着气候的转暖,西双版纳的热带雨林焕发出勃勃生机,为泼水节增添了无尽的活力与色彩。游客们不仅可以参与到这场盛大的水仗中,感受傣族人民的热情与欢乐,还能品尝到地道的傣族美食,欣赏到丰富多彩的民族歌舞表演,深入了解傣族的文化传统和生活习俗。

(五)南非开普敦花季节

在南非的开普敦,每年的9—11月是观赏南半球春天花卉的最佳时节。这时,开普敦会举办世界著名的开普敦花季节。游客们可以漫步在绚烂的花海中,欣赏到各种珍稀花卉的争奇斗艳,如南非国花帝王花、绚烂的郁金香等。此外,花季节还伴随着各种艺术展览、音乐会和文化活动,让游客们在享受自然美景的同时,也能感受到南非独特的文化氛围和艺术魅力。

(六)冰岛雷克雅未克北极光节

在冰岛的雷克雅未克,冬季的严寒并未阻挡住游客的热情。相反,这里独特的北极光成了吸引全球游客的绝佳特色。为了庆祝这一自然奇观,雷克雅未克会举办北极光节。游客们可以在专业向导的带领下,前往最佳观赏地点,亲眼见证那如梦似幻的北极光。同时,节日期间还有各种冰上运动、温泉体验和文化交流活动,让游客们在寒冷的冬季也能感受到冰岛的热情与活力。

(七)法国普罗旺斯薰衣草节

在法国普罗旺斯地区,夏季的薰衣草盛开时节使得全球游客争相前往这个浪漫之地。为了庆祝这一自然景观,普罗旺斯会举办薰衣草节。游客们可以漫步在紫色的薰衣草田中,感受那份独特的芬芳与宁静。此外,薰衣草节还包含了手工艺品市场、薰衣草美食节以及音乐会等活动,让游客们全方位地体验普罗旺斯的田园风光与人文情怀。

(八)智利安第斯山脉国际滑雪节

智利的安第斯山脉的冬季是滑雪爱好者的"天堂"。为了吸引更多游客,智利在多个滑雪胜地举办国际滑雪节。这些节日不仅提供了高水平的滑雪比赛和表演,还融入了当地的文化元素,如传统的智利美食、音乐和舞蹈表演。游客们在享受滑雪乐趣的同时,也能深入了解智利的自然风光和文化传统。

(九)中国新疆喀纳斯胡杨林摄影节

在中国新疆的喀纳斯,秋季的金黄色胡杨林成了摄影爱好者的"天堂"。为了庆祝这一自然奇观,喀纳斯会举办胡杨林摄影节。游客们可以在专业摄影师的指导下,捕捉胡杨林秋日的美景,同时也可以参加摄影比赛、展览和交流活动,与来自世界各地的摄影爱好者分享心得与作品。此外,节日期间还有民族歌舞表演、美食体验等活动,让游客们全方位地感受喀纳斯的独特魅力。

随着全球旅游业的不断发展,气候节庆旅游已经成为一个重要的旅游趋势。各地通过举办丰富多彩的气候节庆活动,不仅提升了旅游资源的吸引力,还促进了当地经济的发展和文化的传承。未来,有理由相信,气候节庆旅游将会继续创新和发展,为游客们带来更多元化、更高品质的旅游体验。

八、科技融合与智能导览

随着科技的飞速发展,气象旅游资源开发也将与现代科技深度融合。例如,利用增强现实和虚拟现实技术,游客在家中就能身临其境地体验各种气象奇观;或者在实地游览时,通过智能设备获得更加丰富的互动游览体验。此外,智能导览系统也将成为标配,通过大数据分析游客的偏好和行为,为游客提供个性化的游览路线和推荐信息,提升游览的满意度和推荐的效率。

(一)智能气象信息服务平台

智能气象信息服务平台是将气象数据与旅游服务相结合的创新应用。通过收集和分析气象数据,平台能够为游客提供实时的天气预报、气象灾害预警以及个性化的旅游建议。例如,游客在计划户外活动时,平台可以基于当前和预测的天气状况,推荐最佳出行时间和活动地点,确保游客的安全和体验质量。此外,平台还可以集成旅游景点的详细信息,如开放时间、门票价格、特色活动等,为游客提供一站式服务。

(二)智能导览机器人

智能导览机器人是现代科技与旅游服务结合的另一亮点。这些机器人能够根据游客的位置和兴趣,提供实时的导览服务。它们不仅能够回答游客的提问,还能根据游客的偏好推荐旅游路线和景点。在一些特定的气象旅游资源点,如极光观赏地或云海观赏区,智能导览机器人还可以提供专业的气象知识讲解,增加游客的科学体验和教育价值。此外,这些机器人通常配备有多种语言功能,能够满足不同国家游客的需求。

(三)虚拟现实体验馆

虚拟现实体验馆利用 VR 技术,为游客提供沉浸式的气象旅游资源体验。在这些体验馆中,游客可以戴上 VR 头盔,进入一个模拟的气象奇观世界,如置身于壮观的雷暴之中、在极光下漫步或是穿越云海。这种体验不仅安全、可控,而且不受时间和地点的限制,极大地扩展了气象旅游资源的可访问性和吸引力。同时,体验馆还可以作为科普教育的场所,向公众普及气象知识,提高公众对气候变化和环境保护的认识。

(四)气象科普教育应用

气象科普教育应用是专为教育目的设计的智能软件,它通过游戏化的方式向用户传授气象知识。这些应用通常包含互动式的学习模块,如模拟气象实验、气象现象的解释和预测等。通过这些互动模块,用户可以更直观地理解复杂的气象概念和原理。此外,应用还可以提供定制化的学习计划,根据用户的学习进度和兴趣点进行调整,使学习过程更加个性化和高效化。

(五)智能气象旅游规划工具

智能气象旅游规划工具是帮助游客根据气象条件规划旅行的智能应用。用户可以输入旅行日期、目的地等信息,应用将根据历史和预测的气象数据,提供最佳旅行建议。例如,它可以帮助用户避开雨季或选择最佳的观星时间。此外,工具还可以根据用户的偏好,推荐适合的气象旅游资源,如最佳的云海观赏点或最适宜的气候疗养地。通过这种方式,智能气象旅游规划工具不仅提高了旅行的舒适度和满意度,还促进了气象旅游资源的合理利用。

(六)气象旅游社区平台

气象旅游社区平台是一个集交流、分享和学习于一体的在线社区。在这个平台上,游客可以分享自己的气象旅游经历和照片,交流旅行心得和气象知识。平台还可以举办各种线上活动,如气象摄影比赛、气象知识问答等,增加用户的参与度和互动性。此外,社区平台还可以作为气象旅游资源的宣传窗口,向公众展示各地的气象旅游资源和特色活动,吸引更多游客前来体验。

(七)其他气象与科技融合的旅游体验

一家科技公司开发了名为"气象奇观"的AR应用,让游客能通过手机摄像头实时看到气象景观。应用还提供气象知识讲解。气象博物馆引入VR技术,提供互动游戏和虚拟气象实验。旅游公司开发智能导览机器人,提供个性化游览建议和实时语言翻译。在云雾山区,利用无人机和AI(人工智能)技术,游客可体验"云端漫步",并学习气象知识。科技公司研发智能手环,监测环境并提供预警和导航。城市通过大数据分析游客行为,制定营销策略,提升气象旅游资源吸引力,促进经济发展和文化传播。

总之,科技融合与智能导览在气象旅游资源开发中具有广阔的应用前景和巨大的潜力。通过不断创新和实践,可以为游客提供更加丰富、便捷和安全的游览体验,同时也为气象旅游资源的可持续发展注入新的活力和动力。

第九章 气象旅游资源可持续发展

第一节 气象旅游资源保护

一、建立气象旅游资源保护法规体系

为了确保气象旅游资源的长期可持续利用,建立一套完善的保护法规体系至关重要。这包括制定专门针对气象旅游资源保护的法律法规,明确保护范围、保护措施和违规责任,以及设立专门的管理机构,负责监督和执行相关法规。同时,还应定期对法规进行评估和修订,以适应不断变化的环境和旅游需求。

加强气象旅游资源的法律保护。在气象旅游资源保护法规体系中,应强化法律保护措施,确保气象旅游资源的法律地位。这包括对气象旅游资源进行明确的界定、制定具体的保护措施,以及对破坏气象旅游资源的行为设定严格的法律责任。此外,还应通过立法明确气象旅游资源的开发与利用界限,确保在开发过程中不会对资源造成不可逆转的损害。

完善气象旅游资源的管理机制。建立一个高效的管理机制是确保气象旅游资源得到妥善保护的关键。这需要设立专门的管理机构,配备专业的管理人员,并赋予其足够的权力和资源来执行保护法规。管理机构应负责制定气象旅游资源的保护规划,监督日常的保护工作,并与地方政府、旅游企业以及公众进行有效沟通,共同推动气象旅游资源的保护工作。

推动气象旅游资源的公众参与。公众的参与对于气象旅游资源的保护至关重要。通过教育和宣传活动提高公众对气象旅游资源价值的认识,鼓励公众参与到保护工作中来。可以组织志愿者活动,如气象旅游资源的监测、清洁和维护,以及通过社交媒体等平台分享气象旅游资源的保护信息,增强公众的环保意识和参与感。此外,还可以通过建立气象旅游资源保护基金,鼓励企业和个人捐款支持保护工作,形成全社会共同参与保护的良好氛围。

二、实施气象旅游资源的动态监测与评估

通过建立气象旅游资源的动态监测系统,可以实时跟踪气象旅游资源的状态和

变化趋势。利用遥感技术、地理信息系统等现代技术手段,对气象旅游资源进行定期评估,及时发现资源的退化或破坏情况,并采取相应的保护措施。同时,评估结果可以为气象旅游资源的合理开发和管理提供科学依据。

建立监测网络。为了有效实施气象旅游资源的动态监测,需要建立一个覆盖广泛、技术先进的监测网络。这个网络应包括地面监测站、卫星遥感监测以及无人机监测等多种手段,确保能够全面覆盖气象旅游资源的各个角落。地面监测站可以提供实时数据,卫星遥感监测可以提供大范围的宏观数据,而无人机监测则可以针对特定区域进行详细调查。通过这些手段的结合,可以实现对气象旅游资源状态的全面掌握。

数据集成与分析。收集到的监测数据需要通过数据集成平台进行整合与分析。利用大数据技术,可以对气象旅游资源的长期变化趋势进行分析,识别出潜在的环境风险和资源退化迹象。此外,通过人工智能和机器学习技术,还可以进一步提高数据分析的准确性和效率,为气象旅游资源的保护和管理提供更加科学的决策支持。

公众参与与反馈机制。气象旅游资源的保护和管理不仅仅是政府和专业机构的责任,公众的参与同样重要。建立一个公众参与和反馈机制,鼓励公众通过移动应用、社交媒体等渠道报告气象旅游资源的变化情况,可以提高监测的效率和准确性。同时,公众的参与也有助于提升社会对气象旅游资源保护的意识,形成保护气象旅游资源的良好社会氛围。

制定保护与管理策略。基于动态监测与评估的结果,制定针对性的保护与管理策略至关重要。这些策略应包括对气象旅游资源的保护措施、恢复计划以及可持续利用方案。保护措施可能涉及限制游客数量、设立保护区域、恢复受损的气象旅游资源等。同时,应制定相应的法律法规,确保这些策略得到有效执行。

强化跨部门协作。气象旅游资源的保护与管理涉及多个部门和领域,包括气象、环保、旅游、文化等。因此,强化跨部门协作是实现有效保护的关键。通过建立跨部门协作机制,可以整合不同部门的资源和专业知识,形成合力,共同推进气象旅游资源的保护工作。

开展国际合作。气象旅游资源往往具有全球性特征,如气候变化对气象旅游资源的全球性影响。开展国际合作,可以共享最佳实践、技术和经验,共同应对全球性挑战。通过国际合作,还可以提升气象旅游资源保护的全球意识,促进全球范围内的资源保护和可持续利用。

三、推广气象旅游资源的生态旅游模式

生态旅游是一种对环境影响较小的旅游方式,强调在保护自然环境和文化遗产的前提下,为游客提供高质量的旅游体验。通过推广生态旅游模式,可以减少对气象旅游资源的破坏,同时提高游客的环保意识。例如,可以开发以天气现象为主题

的生态旅游路线，引导游客在欣赏自然美景的同时，学习气象知识，体验与自然和谐共处的生活方式。

开发气象主题的生态旅游产品。为了推广气象旅游资源的生态旅游模式，可以设计一系列以气象现象为特色的生态旅游产品。这些产品可以包括气象观测站、气象科普讲座、气象现象体验活动等。通过这些活动，游客不仅能近距离观察和了解气象现象，还能学习到气象知识，从而提升他们的环保意识和科学素养。

建立气象生态旅游示范区。选择一些具有代表性的气象旅游资源区域，建立气象生态旅游示范区。在这些示范区内，可以实施严格的环境保护措施，限制游客数量，确保旅游活动对环境的影响降到最低。同时，示范区还可以作为科研和教育基地，为游客提供深入学习气象知识的机会，并为科学家提供实地研究的场所。

加强与当地社区的合作。气象旅游资源的保护和开发需要当地社区的参与和支持。通过与当地社区合作，可以更好地保护气象资源，同时促进当地经济发展。例如，可以培训当地居民成为气象旅游的向导或服务人员，让他们从生态旅游中获得经济收益，从而激发他们保护气象资源的积极性。此外，还可以通过社区活动，如气象节庆、气象知识竞赛等，增强社区居民对气象资源保护的意识。

利用科技手段提升气象生态旅游体验。随着科技的进步，可以利用虚拟现实、增强现实等技术手段，为游客提供沉浸式的气象生态旅游体验。通过这些高科技手段，游客可以在不受时间和空间限制的情况下，体验到各种气象现象，如极光、雷暴等，同时了解它们的形成过程和对环境的影响。这不仅丰富了旅游体验，也增强了游客对气象资源保护的认识。

开展气象生态旅游教育项目。为了进一步推广气象旅游资源的生态旅游模式，可以开展专门的教育项目。这些项目可以包括学校课程合作、夏令营、工作坊等形式，通过这些活动，向学生和公众传授气象知识和生态保护的重要性。通过教育项目，可以培养下一代对气象资源的尊重和保护意识，为未来的可持续发展奠定基础。

强化气象生态旅游的市场营销。有效的市场营销策略对于推广气象生态旅游至关重要。可以通过社交媒体、旅游网站、旅游展会等渠道，宣传气象生态旅游的独特价值和体验。同时，与旅游运营商合作，开发特色旅游套餐和优惠活动，吸引更多游客参与气象生态旅游。通过这些努力，可以提高气象生态旅游的知名度和市场竞争力。

四、加强气象旅游资源的公众教育与参与

公众教育是提高社会对气象旅游资源保护意识的重要途径。通过在学校、社区和媒体上开展气象旅游资源保护的教育活动，可以增强公众对气象旅游资源价值的认识，激发公众参与保护的积极性。此外，鼓励公众参与气象旅游资源的保护工作，如志愿者活动、社区监督等，可以有效提升保护工作的效果和公众的参与感。

开展气象旅游资源保护的教育活动。为了加强公众的气象旅游资源保护意识，可以组织一系列教育活动。例如，学校可以将气象旅游资源保护纳入课程，通过专题讲座、实地考察等形式，让学生了解气象资源的重要性。社区可以举办气象知识竞赛、展览和讲座，让居民了解气象资源的保护方法和意义。媒体则可以通过新闻报道、专题节目等形式，普及气象旅游资源保护的知识，提高公众的环保意识。

鼓励公众参与保护工作。公众参与是提高气象旅游资源保护效果的关键。可以通过建立志愿者组织，鼓励公众参与气象旅游资源的日常维护和保护工作。例如，组织志愿者参与清理景区垃圾、监测气象资源变化等活动，让公众在参与中学习和体验，从而增强他们对气象资源保护的责任感和使命感。

建立公众参与的反馈机制。为了确保公众参与的有效性，需要建立一个反馈机制，让公众的意见和建议能够被听取和采纳。可以通过建立在线平台、意见箱等方式，收集公众对气象旅游资源保护的看法和建议。同时，定期发布气象旅游资源保护的进展和成效，让公众了解他们的参与是如何产生积极影响的，从而进一步激发公众的参与热情。

利用科技手段提升公众参与度。随着科技的发展，利用科技手段可以越来越有效地提升公众参与气象旅游资源保护的便捷性和趣味性。例如，开发气象旅游资源保护相关的手机应用程序，通过游戏化的方式让公众在娱乐中学习气象知识，同时记录和分享他们的保护行动。此外，利用社交媒体平台，还可以创建专门的气象旅游资源保护话题，鼓励公众上传保护活动的照片和心得，形成良好的互动氛围。

建立气象旅游资源保护的奖励机制。为了进一步激励公众参与气象旅游资源的保护，可以建立一套奖励机制。对于在气象旅游资源保护中做出突出贡献的个人或团体，可以给予物质奖励或荣誉表彰。通过这样的激励措施，可以提高公众参与保护活动的积极性，同时也能增强社会对气象旅游资源保护重要性的认识。

加强与旅游企业的合作。旅游企业是连接公众与气象旅游资源的重要桥梁。通过与旅游企业的合作，可以将气象旅游资源保护的理念融入旅游产品和服务中。例如，旅游公司可以设计包含气象旅游资源保护内容的旅游线路，引导游客在旅游过程中了解和参与保护活动。同时，旅游企业还可以通过提供优惠措施，鼓励游客参与气象旅游资源的保护工作。

第二节 气象旅游资源可持续发展原则

一、生态优先原则

在气象旅游资源的开发和利用过程中，必须将生态保护放在首位，确保旅游活动不会对气象资源造成不可逆转的损害。这要求在规划和实施旅游项目时,充分考虑环境承载力,采取有效措施减少对自然环境的影响。

合理规划旅游活动区域。根据气象资源的分布和敏感性,科学规划旅游活动区域,避免在生态脆弱区和重要生态功能区开展大规模旅游活动。

实施环境影响评估。在旅游项目开发前,进行全面的环境影响评估,确保旅游活动不会对气象资源和生态系统造成负面影响。

推广绿色旅游理念。倡导绿色旅游,鼓励游客采取低碳出行方式,减少能源消耗和废弃物产生,提高资源利用效率。

二、可持续利用原则

气象旅游资源的开发和利用应确保资源的长期稳定供给,避免过度开发导致资源枯竭。这需要合理规划资源利用,实施动态监测和科学管理。

实施资源动态监测。建立气象旅游资源监测体系,定期对资源状况进行评估,及时调整资源利用策略。

制定资源利用标准。根据气象资源的特性和承载力,制定科学合理的资源利用标准和限额,确保资源的可持续利用。

推广资源节约型旅游产品。开发和推广资源节约型旅游产品,如生态旅游、低碳旅游等,引导游客形成节约资源和保护环境的旅游行为。

三、社区参与原则

社区居民是气象旅游资源保护和可持续发展的直接受益者,他们的参与对于实现资源的可持续利用至关重要。

加强社区能力建设。通过培训和教育,提升社区居民对气象旅游资源保护的认识,使他们成为资源保护的积极参与者。

建立社区共管机制。与社区居民共同制订气象旅游资源保护和管理计划,确保社区居民在资源保护和旅游发展中拥有话语权和决策权。

促进社区经济发展。通过发展与气象旅游资源相关的旅游产业,如特色民宿、手工艺品等,促进社区经济的发展,提高居民的生活水平。

四、科技创新原则

利用现代科技手段,提高气象旅游资源保护和管理的效率和水平,推动气象旅游资源的可持续发展。

应用现代信息技术。利用遥感技术、地理信息系统等现代信息技术,对气象旅游资源进行实时监测和管理。

推广智能旅游服务。开发智能旅游服务平台,提供气象旅游资源信息查询、智能导览、虚拟体验等服务,提升游客体验。

加强科研合作。与科研机构合作,开展气象旅游资源保护和利用的科学研究,为资源的可持续发展提供科学依据。

五、国际合作原则

气象旅游资源的保护和可持续发展是一个全球性问题,需要国际社会的共同努力和合作。

加强国际交流与合作。积极参与国际气象旅游资源保护的交流活动,学习借鉴国际先进经验和技术。

共同应对气候变化。与国际社会合作,共同应对气候变化对气象旅游资源的影响,保护全球共同的自然遗产。

推广国际标准和最佳实践。推广国际上关于气象旅游资源保护和可持续发展的标准和最佳实践,提升全球气象旅游资源的保护水平。

第三节　气象旅游资源可持续发展路径

一、加强政策引导与法规建设

(一)完善相关法律法规

制定和完善气象旅游资源保护和可持续发展的相关法律法规,为气象旅游资源的合理开发和有效保护提供法律依据。

明确气象旅游资源的权属和管理责任,确保资源的合理利用和保护。

制定气象旅游资源开发的环境影响评估制度,评估旅游活动对资源和环境的潜在影响。

设立气象旅游资源保护基金,为保护和修复工作提供经济支持。

制定气象旅游资源的可持续利用标准,鼓励开发与环境保护相结合的旅游产品。

加强对气象旅游资源违法行为的监管和处罚力度,确保法律法规得到有效执行。

(二)制定激励与约束机制

通过税收优惠、财政补贴等激励措施,鼓励企业和个人参与气象旅游资源的保护和可持续利用。同时,对破坏气象旅游资源的行为实施严格的法律约束。

设立专项基金和奖励计划,对在气象旅游资源保护和可持续利用方面做出突出贡献的个人或组织给予经济奖励,提高社会参与的积极性。

制定优惠政策,为气象旅游资源开发项目提供贷款利率优惠、税收减免等支持,降低开发成本,促进可持续旅游产品的创新和推广。

强化监管,对违反气象旅游资源保护法规的企业和个人,依法进行处罚,包括但不限于罚款、责令整改、暂停营业等措施,确保法律法规的严肃性和执行力。

建立健全气象旅游资源保护的公众参与机制,鼓励公众通过举报、监督等方式参与保护工作,形成政府、企业和公众共同参与的保护网络。

开展气象旅游资源保护的宣传教育活动,提高公众对气象旅游资源价值的认识,增强保护意识,营造良好的社会氛围。

(三)建立跨部门协调机制

建立气象、旅游、环保等多个部门之间的协调机制,确保气象旅游资源的保护和开发工作能够跨部门、跨领域协同推进。

制定统一的政策和标准,确保各部门在气象旅游资源保护和开发中遵循一致的指导原则和操作规范。

设立联合工作小组,定期召开会议,讨论气象旅游资源保护和开发中的重大问题,协调解决跨部门合作中出现的困难和矛盾。

建立信息共享平台,实现气象、旅游、环保等部门间的数据和信息互通,提高决策效率和资源利用效率。

推动跨部门联合执法,对违反气象旅游资源保护法规的行为进行联合查处,形成执法合力,提高执法效果。

加强跨部门人才培养和交流,通过培训、研讨等方式,提升各部门人员对气象旅游资源保护和开发的专业能力,促进知识和经验的共享。

二、推动科技创新与应用

(一)发展气象旅游科技产品

鼓励和支持气象科技与旅游产品的结合,开发气象观测、气象体验、气象科普等科技旅游产品,提升旅游体验的科技含量。

利用虚拟现实技术,创建气象现象模拟体验区,让游客在安全的环境中体验雷暴、龙卷等极端天气现象,增强游客的互动体验和科普教育效果。

开发移动应用和在线平台,提供实时气象信息和天气预报服务,使游客能够根据天气变化合理安排行程,同时增加旅游产品的科技感和便捷性。

设计互动式气象科普展览,结合多媒体展示和互动游戏,让游客在参与中学习气象知识,提高公众对气候变化和环境保护的认识。

利用卫星遥感和无人机技术,开展气象景观的空中巡游,为游客提供独特的视角和体验,同时收集气象数据用于科学研究和教育。

推广智能气象旅游规划工具,帮助旅游企业和个人根据气象条件优化旅游路线和活动安排,提升旅游体验的质量和安全性。

(二)利用大数据与人工智能

运用大数据分析技术,对气象旅游资源的利用效率和游客行为进行分析,优化资源配置。同时,利用人工智能技术提升气象旅游资源的智能化管理水平。

实现个性化旅游推荐。通过分析游客的偏好和历史行为数据,利用人工智能算法为游客提供个性化的旅游路线和活动建议,从而提升游客满意度和旅游体验。

智能化气象监测与预警。结合大数据分析和人工智能技术,开发智能气象监测系统,实时监测气象变化,及时向游客和旅游管理者提供准确的气象预警信息,确保旅游安全。

自动化旅游服务机器人。部署具备自然语言处理能力的机器人,为游客提供咨询、引导、翻译等服务,提高服务效率,减少人力成本。

智慧景区管理。利用大数据和人工智能技术,对景区人流、交通、设施使用等进行实时监控和分析,优化景区管理,提高运营效率,减少资源浪费。

虚拟现实体验。结合虚拟现实技术,为游客提供沉浸式的气象景观体验,如模拟雷暴、龙卷等极端天气现象,增强游客的互动体验和科普教育效果。

(三)推广智慧旅游解决方案

推广智慧旅游解决方案,如智能导览、虚拟现实体验、在线预订等,提高旅游服务的智能化水平,减少对环境的影响。

智能导览系统。开发和部署智能导览系统,利用移动设备和增强现实技术,为游客提供实时的景点信息、历史背景和导航服务,使游客能够更加便捷地了解旅游目的地,同时减少对传统导览标识的依赖,降低对环境的干扰。

虚拟现实体验馆。建立虚拟现实体验馆,通过模拟不同的气象景观和旅游活动,为游客提供沉浸式的体验,尤其适合无法亲临现场的游客,同时减少实际旅游活动对环境的压力。

在线预订平台。推广在线预订平台,使游客能够轻松预订旅游产品和服务,如酒店、机票、门票等,减少现场排队和纸质文件的使用,提高效率的同时降低资源消耗。

智能气象信息服务平台。开发智能气象信息服务平台,为游客提供实时的气象信息和预警,帮助游客做出更合理的旅游决策,避免因恶劣天气导致的旅游风险和资源浪费。

智能旅游社区平台。构建智能旅游社区平台,鼓励游客分享旅游体验和反馈,同时收集游客数据,以优化旅游产品和服务,促进旅游目的地的可持续发展。

三、强化社区参与与公众教育

(一)开展气象旅游资源保护教育

通过学校教育、社区活动、媒体宣传等多种形式,普及气象旅游资源保护知识,提高公众的环保意识和参与度。

制定专门的气象旅游资源保护课程,将其纳入学校教育体系,让学生了解气象资源的重要性及其保护的必要性。

在社区定期组织气象旅游资源保护讲座和工作坊,邀请专家和环保志愿者进行互动式教学,增强居民的环保意识。

利用电视、广播、网络等媒体平台,制作和播放气象旅游资源保护的公益广告和专题节目,扩大宣传覆盖面,提高公众关注度。

开展气象旅游资源保护主题的公众活动,如"世界气象日""世界地球日"等,通过展览、讲座、互动体验等形式,让公众更直观地了解气象资源的价值。

与旅游企业合作,开发气象旅游资源保护的旅游产品,如生态旅游、研学旅行等,让游客在享受旅游的同时,也能学习到保护气象资源的知识。

(二)建立公众参与平台

建立气象旅游资源保护的公众参与平台,鼓励公众参与气象旅游资源的保护活动,如志愿者服务、环境监测等。

开展气象旅游资源保护的教育活动,通过线上、线下的方式普及气象资源保护知识,提高公众的环保意识和参与度。

利用社交媒体和移动应用,创建互动平台,让公众能够实时分享气象旅游资源的保护经验,同时收集公众对气象旅游资源保护的意见和建议。

设立气象旅游资源保护的志愿者网络,组织定期的清洁活动、植树造林、生态监测等,让公众直接参与到保护工作中来。

与学校合作,将气象旅游资源保护纳入教育课程和课外活动,鼓励学生参与保护项目,培养他们的环保意识。

举办气象旅游资源保护的竞赛和奖励活动,激发公众的参与热情,表彰在保护工作中做出突出贡献的个人和团体。

(三)实施社区共管项目

与社区居民合作开展气象旅游资源共管项目,如社区气象观测站、气象科普教育基地等,让社区居民成为气象旅游资源保护的主体。

建立社区气象观测站,通过培训社区居民进行基本的气象数据收集和记录,使他们能够参与到气象旅游资源的监测和保护中来。这不仅能够提高社区居民对气象变化的意识,还能为气象旅游资源的保护提供第一手资料。

设立气象科普教育基地,定期举办气象知识讲座和互动体验活动,让社区居民了解气象知识,增强他们对气象旅游资源保护的科学认识和责任感。

组织社区居民参与气象旅游资源的环境整治活动,如清理垃圾、植树造林等,通过实际行动保护和改善气象旅游资源的环境质量。

推动社区居民参与气象旅游资源的规划和管理,通过社区会议等形式收集居民意见和建议,使社区居民成为决策过程的一部分,增强他们对气象旅游资源保护的参与感和归属感。

与社区合作开展气象旅游资源的市场营销活动,利用社区居民的影响力推广气象旅游资源,同时为社区居民创造经济收益,实现社区与气象旅游资源保护的双赢。

四、促进可持续气象旅游产品开发

(一)开发绿色气象旅游产品

鼓励和支持旅游企业开发绿色旅游产品,如生态旅游、低碳旅游、农业旅游等,引导游客体验可持续旅游。

强化环保意识。在旅游产品的设计和推广中,融入环保理念,通过教育引导游客了解环保的重要性,提升他们的环保意识。

创新旅游体验。结合气象旅游资源的特点,开发具有创新性的旅游体验活动,如气象观测体验、气候模拟体验等,让游客在享受旅游的同时,也能学习气象知识。

优化旅游服务。提供高质量的旅游服务,包括环保型住宿、绿色餐饮、低碳交通等,确保旅游活动的各个环节都符合绿色可持续发展的要求。

推广绿色营销。利用现代营销手段,如社交媒体、绿色旅游网站等,宣传绿色气象旅游产品,吸引更多环保意识强的游客。

建立评价体系。建立一套完善的绿色气象旅游产品评价体系,对旅游产品进行定期评估,确保其符合可持续发展的标准,并根据评估结果不断优化产品。

(二)推广体验式旅游活动

设计和推广以气象旅游资源为核心的体验式旅游活动,如气象观测体验、气象科普讲座、气象节庆活动等,丰富旅游产品,提升游客体验。

结合地方特色。将气象旅游资源与当地文化、历史和自然景观相结合,打造具有地方特色的体验活动,如结合当地节气的气象观测活动,让游客在体验中了解和感受地方文化。

强化互动性。通过互动体验活动,如气象模拟实验室、气象科普互动展览等,让游客参与到气象知识的学习和探索中,提高其参与度和满意度。

利用科技手段,运用现代科技,如虚拟现实、增强现实等技术,为游客提供沉浸式的气象体验,增强体验的真实感和趣味性。

开展主题旅游。围绕气象旅游资源,开发一系列主题旅游产品,如"气象探秘之旅""气候变迁之旅"等,吸引不同兴趣的游客群体。

建立长效机制。与教育机构、科研单位合作,建立长期的气象旅游资源体验和科普教育基地,为游客提供持续的学习和体验机会。

(三)打造特色旅游品牌

结合地方特色和气象旅游资源,打造具有地方特色的旅游品牌,如气象文化节、气象美食节等,提升旅游目的地的知名度和吸引力。

创新营销策略。通过社交媒体、网络直播、短视频平台等新媒体渠道,创新营销策略,讲述气象旅游资源背后的故事,吸引年轻游客群体,提高品牌的市场认知度。

融合地方产业。将气象旅游资源与当地农业、渔业、旅游业等产业相结合,开发融合型旅游产品,如气象与葡萄酒品鉴、气象与海鲜美食节等,促进产业间的互动与合作。

开发特色商品。设计和销售与气象旅游资源相关的特色商品,如气象主题的纪念品、服饰、艺术品等,增加旅游收入的同时,也作为旅游体验的延伸和纪念。

建立品牌联盟。与国内外其他知名旅游品牌建立合作,共同推广气象旅游资源,通过品牌联盟扩大市场影响力,实现资源共享和优势互补。

持续品牌活动。定期举办气象主题的旅游节庆活动,如气象摄影大赛、气象科普周等,通过持续的活动保持品牌的活力和吸引力,同时为游客提供新鲜的旅游体验。

五、加强国际合作与交流

(一)参与国际保护项目

积极参与联合国教科文组织等国际组织的气象旅游资源保护项目,学习国际先进经验,提升本国气象旅游资源的保护水平。

与国际组织合作,共同开展气象旅游资源的调查研究,通过国际平台分享研究成果,促进全球气象旅游资源的保护与合理利用。

参与国际气象旅游资源保护标准的制定,推动国际气象旅游资源保护方面的交流与合作,共同制定全球性的保护准则。

通过国际项目,引进国外先进的气象旅游资源保护技术和管理经验,提升本国在该领域的专业能力和服务水平。

与国际旅游组织合作,开发国际气象旅游资源合作项目,通过旅游活动促进不同国家和地区之间的文化交流与理解。

利用国际保护项目平台,加强与国际社会的沟通,提高本国气象旅游资源的国际知名度,吸引更多的国际游客和投资。

（二）开展国际学术交流

通过举办和参与国际学术会议、研讨会等形式，加强与国际气象旅游资源研究领域的专家学者交流，分享研究成果，探讨气象旅游资源的保护与开发策略。

组织国际学术会议，邀请全球气象旅游资源领域的专家和学者，共同探讨气象旅游资源的保护、开发和管理问题。

与国际知名研究机构合作，开展联合研究项目，共同开发新的气象旅游资源保护技术和管理方法。

鼓励国内学者赴海外进行学术访问和交流，学习国际先进的气象旅游资源管理理念和实践经验。

通过国际学术交流，促进国际气象旅游资源保护达成共识，推动形成国际通用的保护标准和最佳实践。

利用国际学术交流平台，提升本国气象旅游资源在国际上的知名度和影响力，吸引更多的国际合作机会。

（三）推广国际合作模式

借鉴国际上成功的气象旅游资源保护与开发模式，结合本国实际情况，探索适合本国的国际合作模式。

研究并引入国际上成熟的气象旅游资源保护与开发模式，如生态旅游、可持续旅游等，结合本国的资源特点进行本土化改造。

与国际旅游组织合作，共同开发气象旅游资源，打造国际知名的旅游目的地。

通过国际合作，引进先进的气象旅游资源管理技术和经验，提升本国气象旅游资源的管理水平。

与国际旅游市场接轨，共同开发面向国际市场的气象旅游产品，拓展国际旅游市场。

通过国际合作，共同应对气候变化对气象旅游资源的影响，提高气象旅游资源的适应性和韧性。

第四节　国内外气象旅游资源可持续发展模式

一、国内气象旅游资源可持续发展模式

东北地区。以冰雪资源为核心，打造冰雪旅游品牌。东北地区凭借其独特的气候条件，形成了丰富的冰雪旅游资源。该地区通过举办国际冰雪节、开发冰雪运动项目、建设冰雪主题公园等方式，成功打造了具有国际影响力的冰雪旅游品

牌。同时,注重冰雪资源的可持续利用,通过科学规划和管理,确保了冰雪旅游的长期发展。

华北地区。结合历史文化,发展气象文化旅游。华北地区依托其深厚的历史文化底蕴,将气象旅游资源与历史遗迹相结合,发展气象文化旅游。通过挖掘与气象相关的文化元素,如节气、传统节日等,打造了一系列气象文化旅游产品,如节气体验活动、历史气象景观游等,既丰富了旅游内容,也促进了地方文化的传承。

华东地区。利用科技手段,推动气象智慧旅游。华东地区在气象旅游资源开发中,积极引入现代科技手段,推动气象智慧旅游的发展。通过建立气象信息服务平台、智能导览系统、虚拟现实体验馆等,为游客提供更加便捷、互动的旅游体验。同时,利用大数据和人工智能技术,对气象旅游资源进行科学管理和精准营销,提高了旅游服务的效率和质量。

华南地区。结合自然景观,发展生态气象旅游。华南地区拥有丰富的自然景观资源,如热带雨林、海岛等。该地区通过开发与气象相关的生态旅游产品,如雨林探险、海岛气象观测等,吸引了大量国内外游客。同时,注重生态保护和可持续发展,确保旅游活动与自然环境和谐共存。

西南地区。依托高原气候,发展高原气象旅游。西南地区以高原气候为特色,开发了多种高原气象旅游产品。例如,利用高原日照时间长的特点,推广高原日光浴旅游;结合高原多变的天气,开展高原气象探险活动。这些旅游产品不仅丰富了旅游市场,也促进了当地经济的发展。

二、国外气象旅游资源可持续发展模式

美国:结合国家公园,发展极端天气体验旅游。美国利用其广阔的国家公园系统,结合独特的极端天气现象,如龙卷、雷暴等,开发了极端天气体验旅游。通过专业的气象观测和安全的体验活动,游客可以近距离观察和体验这些壮观的自然现象。同时,美国注重对这些极端天气资源的保护和教育意义的传播。

加拿大:依托北极光,打造极光观赏旅游。加拿大北部地区是观赏北极光的绝佳地点。该国通过建立北极光观测站、提供极光观赏旅游套餐等方式,吸引了全球众多天文爱好者和旅游者。同时,加拿大注重对北极光资源的可持续利用,确保旅游活动不会对当地生态环境造成破坏。

英国:结合城市景观,发展气象艺术旅游。英国利用其丰富的城市文化资源,结合气象现象,如雾、雨等,发展了气象艺术旅游。通过艺术展览、街头表演等形式,将气象元素融入城市文化之中,为游客提供了独特的旅游体验。同时,英国注重提升公众对气象艺术的认识和欣赏能力。

法国:利用葡萄酒文化,发展气候与葡萄酒旅游。法国是世界著名的葡萄酒生产国,该国将葡萄酒文化与气候条件相结合,发展了气候与葡萄酒旅游。游客可以

在葡萄园中体验葡萄酒的酿制过程,同时了解不同气候对葡萄酒风味的影响。这种旅游模式不仅推广了法国的葡萄酒文化,也促进了当地经济的发展。

德国:结合历史建筑,发展气候与建筑旅游。德国拥有众多历史悠久的建筑,该国通过展示不同气候条件下建筑的保护与修复工作,发展了气候与建筑旅游。游客可以参观修复现场,了解如何在不同气候条件下保护历史建筑。同时,德国注重教育游客关于气候变化对建筑遗产的影响。

巴西:利用热带雨林,发展生态气象旅游。巴西的热带雨林是全球重要的生态系统之一。该国通过建立生态旅游区、开展雨林探险活动等方式,发展了生态气象旅游。游客可以在专业导游的带领下,体验雨林的多样性和独特气候。同时,巴西强调生态旅游的教育意义,提升公众对环境保护的意识。

土耳其:结合热气球,发展气象休闲旅游。土耳其以其独特的地理环境和温和的气候条件,成为热气球飞行的理想之地。该国通过推广热气球旅游项目,结合气象知识的普及,吸引了众多寻求新奇体验的游客。热气球活动不仅为当地旅游业带来了显著的经济效益,同时也强调安全和环境保护的重要性。

埃及:结合沙漠气候,发展沙漠气象探险旅游。埃及的沙漠地区以其极端的气候条件和独特的自然景观而闻名。该国开发了沙漠气象探险旅游,包括沙丘滑行、沙漠露营和星空观测等活动。通过这些活动,游客可以体验沙漠的壮丽和挑战。同时,埃及政府注重保护沙漠环境,确保旅游活动的可持续性。

澳大利亚:结合大堡礁,发展海洋气象旅游。澳大利亚的大堡礁是世界上最大的珊瑚礁系统,也是海洋气象旅游的热点。该国通过提供潜水、浮潜和海洋生物观察等活动,让游客近距离体验海洋气象的奇妙。同时,澳大利亚致力于保护大堡礁的生态环境,推动海洋气象旅游的可持续发展。

新西兰:结合高山景观,发展高山气象旅游。新西兰的高山景观和多变的天气条件为高山气象旅游提供了丰富的资源。该国通过开展高山徒步、滑雪和气象观测等活动,吸引了大量户外运动爱好者。新西兰注重旅游活动的安全和环境保护,确保高山气象旅游的长期可持续性。

日本:结合温泉资源,发展气候疗养旅游。日本拥有丰富的温泉资源,结合其独特的气候条件,发展了气候疗养旅游。游客可以在享受温泉的同时体验四季分明的气候,如春季赏樱、秋季观枫等。日本注重温泉资源的保护和合理利用,同时推广温泉文化的教育意义。

摩洛哥:结合撒哈拉沙漠,发展沙漠生态旅游。摩洛哥的撒哈拉沙漠是世界上最著名的沙漠之一。该国通过提供沙漠露营、骆驼骑行和星空观测等活动,发展了沙漠生态旅游。摩洛哥强调旅游活动与当地社区的互动,促进社区经济发展,同时注重沙漠生态的保护。

第五节 气象旅游资源可持续发展趋势与展望

一、科技创新与应用的深化

气象旅游科技产品的创新。随着科技的不断进步,气象旅游科技产品将更加多样化和智能化。例如,通过虚拟现实技术,游客可以在家中体验到真实的气象景观,如云海、极光等,这将极大地拓宽气象旅游资源的体验范围。

大数据与人工智能在气象旅游中的应用。大数据分析和人工智能技术将被广泛应用于气象旅游资源的监测、评估和管理中。通过分析历史气象数据和实时气象信息,可以更准确地预测天气变化,为游客提供更加个性化的旅游建议和服务。

智慧旅游解决方案的推广。智慧旅游解决方案将帮助旅游目的地更有效地管理气象旅游资源,同时为游客提供更加便捷和安全的旅游体验。例如,通过智能导览系统,游客可以实时获取气象信息和旅游指南,提高旅游的互动性和趣味性。

二、社区参与与公众教育的加强

气象旅游资源保护的公众教育活动。通过举办气象旅游资源保护的教育活动,提高公众对气象旅游资源重要性的认识,增强公众的环保意识和参与度。这包括在学校和社区中开展气象知识讲座、气象旅游资源保护竞赛等活动。

公众参与保护工作的鼓励。鼓励公众参与到气象旅游资源的保护工作中来,如通过志愿者活动、社区监督等形式,让公众成为气象旅游资源保护的积极参与者和监督者。

公众参与反馈机制的建立。建立有效的公众参与反馈机制,收集公众对气象旅游资源保护和管理的意见和建议,及时调整和优化相关策略和措施。

三、可持续气象旅游产品的开发

绿色气象旅游产品的开发。开发更多符合可持续发展理念的绿色气象旅游产品,如低碳旅游、生态旅游等,减少对环境的影响,同时提供给游客更加健康和自然的旅游体验。

体验式旅游活动的推广。推广以体验为核心的气象旅游活动,如气象观测体验、气象科普教育旅行等,让游客在参与中学习和了解气象知识,提升旅游的教育价值。

特色旅游品牌的打造。结合地方特色和气象旅游资源的独特性,打造具有吸引力的特色旅游品牌,如以特定气象现象为主题的旅游节庆活动,增强旅游目的地的市场竞争力。

四、国际合作与交流的拓展

参与国际保护项目。积极参与国际气象旅游资源保护项目,与国际组织合作,共同推动全球气象旅游资源的保护和可持续利用。

开展国际学术交流。通过国际学术交流,分享气象旅游资源保护和开发的经验,学习国际先进的理念和技术,提升本国气象旅游资源的国际影响力。

推广国际合作模式。借鉴和推广成功的国际合作模式,如跨国界气象旅游资源的共同管理和开发,促进不同国家和地区在气象旅游资源保护和开发方面的合作。